江苏沿海地区生态系统服务供给 >>>
与消耗时空格局及其驱动机制

The Spatial-Temporal Patterns and Its Driving Forces in the Supply
and Consumption of Ecosystem Services in the Coastal Areas of Jiangsu

张芳怡 著◎

东南大学出版社
SOUTHEAST UNIVERSITY PRESS
·南京·

内 容 提 要

本书从生态系统供给和消耗两个方面对江苏沿海地区生态系统服务进行综合评估,为区域生态可持续发展研究提供理论支撑。在 RS/GIS 技术支持下,构建了江苏沿海地区生态系统服务供给和消耗定量估算模型,分析了 2000 年以来江苏沿海地区生态系统服务供给和消耗时空格局及其社会经济驱动机制,探讨了江苏沿海地区滩涂围垦活动的生态系统服务响应特征。

图书在版编目(CIP)数据

江苏沿海地区生态系统服务供给与消耗时空格局及其驱动机制 / 张芳怡著. — 南京:东南大学出版社,2021.9

ISBN 978 - 7 - 5641 - 9664 - 6

Ⅰ.①江… Ⅱ.①张… Ⅲ.①区域生态环境-生态环境建设-服务功能-江苏 ②区域生态环境-环境生态评价-江苏 Ⅳ.①X321.222.3

中国版本图书馆 CIP 数据核字(2021)第 183314 号

责任编辑:张 烨 责任校对:杨 光 封面设计:顾晓阳 责任印制:周荣虎

江苏沿海地区生态系统服务供给与消耗时空格局及其驱动机制
Jiangsu Yanhai Diqu Shengtai Xitong Fuwu Gongji Yu Xiaohao Shikong Geju Jiqi Qudong Jizhi

著　　者	张芳怡
出版发行	东南大学出版社
社　　址	南京市四牌楼 2 号(邮编:210096　电话:025 - 83793330)
网　　址	http://www.seupress.com
电子邮箱	press@seupress.com
经　　销	全国各地新华书店
印　　刷	广东虎彩云印刷有限公司
开　　本	700 mm×1000 mm　1/16
印　　张	9
字　　数	176 千字
版　　次	2021 年 9 月第 1 版
印　　次	2021 年 9 月第 1 次印刷
书　　号	ISBN　978 - 7 - 5641 - 9664 - 6
定　　价	48.00 元

本社图书若有印装质量问题,请直接与营销部联系,电话:025 - 83791830。

前　言

　　自然生态系统是人类社会可持续发展的重要基础,随着经济社会的快速发展,人类对自然资源的过度消耗将会对生态系统造成严重破坏,并威胁到区域乃至全球经济社会的可持续发展。在过去 50 年里,人类对自然资源的消耗增加了约 190%。联合国环境规划署 2019 年发布的《全球环境展望》指出,为满足人类不断增长的消费需求,依赖于种植面积增加和化肥施用的粮食增产,对地方生态系统和全球气候造成的压力持续增加。生态系统服务评估研究是可持续发展评价的研究重点,生态系统服务消耗及其与供给之间关系的研究逐渐成为生态系统服务领域的重要研究方向。

　　江苏沿海地区地处我国沿海、长江和陇新线三大生产力布局主轴线的交汇地带,是受到人类活动影响较大的土地利用变化剧烈区,也是重要湿地资源、自然保护区等密集分布的生态脆弱区。在沿海开发战略驱动下,人类对区域生态系统的开发利用强度持续增加,对江苏沿海地区的生态环境造成巨大的压力。因此,从供给和消耗两方面对生态系统服务进行综合评估,对于理解江苏沿海地区土地利用变化的生态响应具有重要意义,也为区域生态系统可持续发展提供理论支撑。

　　本书共分为 7 章,第 1 章介绍了生态系统服务研究的重要性以及国内外生态系统服务理论与方法研究进展,构建了生态系统服务供给与消耗定量化研究的技术方案。第 2 章基于 RS/GIS 技术,分别从土地利用结构、转移流、活跃度、转移路径等方面对江苏沿海地区的土地利用时空动态特征进行了分析。第 3 章运用 CASA 模型估算江苏沿海地区生态系统服务供给能力,对其时空格局演变及影响因素进行分析。第 4 章运用

CNPP 模型估算江苏沿海地区生态系统服务消耗,对其时空格局演变及影响因素进行分析。第 5 章运用冗余分析方法,对江苏沿海地区生态系统服务供给—消耗格局的社会经济驱动机制进行定量研究。第 6 章以江苏沿海地区土地利用变化热点区域滩涂围垦区为研究对象,利用实地样点调查数据,分析不同围垦年限下滩涂围垦区土地利用与净初级生产力变化之间的关系,揭示江苏沿海滩涂围垦区围垦活动的生态系统服务响应特征。

由于作者水平有限,书中难免存在不足和局限性,敬请广大读者和同行批评指正。

目　录

第1章 绪论

1.1 生态系统服务研究的重要性

1. 人类活动对生态系统结构、过程与功能的影响作用日益显著,生态系统服务退化速度加剧

随着经济社会的快速发展,人类在生产和生活过程中对自然资源的过度消耗给生态系统平衡造成了巨大的冲击,在过去 50 年里,人类对自然资源的消耗增加了约 190%(WWF,2018)。耕地面积减少、淡水资源短缺、土地沙化、生物多样性减少等问题日益严重,生态系统服务供给与消耗严重失衡,生态系统功能不断退化,严重威胁到地区乃至全球经济和社会的可持续发展(冯伟林 等,2013)。相关研究表明,人类活动是全球生态系统退化的主要原因之一,其影响远远超过生态系统自身进化的速度,对后代满足需求的能力产生重大威胁(MA,2005)。2001 年 6 月联合国正式启动一项为期 4 年的国际合作项目"千年生态系统评估(Millennium Ecosystem Assessment,缩写为 MA)",正是一项围绕生态系统变化与人类福祉之间的关系,从全球范围内对生态系统开展的多尺度、综合性评估项目。评估结果显示,一方面为满足快速增长的食物、淡水、木材、纤维和燃料的需求,人类改变生态系统的规模和速度超过了历史上的任何时段,1950—1980 年 30 年间土地开垦面积超过了 1700—1850 年 150 年土地开垦面积总和,水库蓄水量达到自然河流水量的 3~6 倍,为满足农业用水,利用河流湖泊水量增加到原来的 2 倍;另一方面,由于人类的过度开发利用活动对生态系统造成了许多不可逆转的破坏,导致全球生物多样性的巨大丧失,物种灭绝速度超过物种自然灭绝背景速度 1 000 倍,10%~30%的哺乳动物、鸟类以及两栖动物濒临灭绝,全球有 20%的珊瑚礁已经消失,20%出现退化(赵士洞 等,2006)。人类长期以来给地球累积造成的生态压力,导致我们赖以生存的各类生态系统正在持续退化。相关研究表明,全球生物多样性丧失速度惊人,在 1970 年到 2008 年间下降了 28%,人类对自然资源的需求从 1966 年以来翻了一番,超过地球供给能力的 50%,如果按照现有对资源的消耗速

度继续下去,预计到 2030 年即使有两个地球也无法满足人类的需求(WWF,2012)。人类对地球生态系统最普遍的影响之一就是农业。联合国环境规划署 2011 年发布报告《里约 20 年:追踪环境变迁》中指出,在过去的 20 年内,人口增长了 26%,粮食生产增加了 45%,粮食增产速度超过人口增长速度并稳步上升,但由于过度依赖于种植面积增加和化肥使用,这种集约化生产也会对生态环境产生负面效应。因此,尽管科学技术可以替代一些生态系统服务或者减缓其退化速度,但大部分生态系统服务依然是不可替代的(UNEP,2019)。

2. 生态系统服务评估研究是可持续发展评价的研究重点,生态系统服务供给与消耗研究将成为生态系统服务研究领域的重要研究方向

人类对食物、纤维、原材料等持续增加的需求和对生态系统高强度的开发利用,造成地表有限资源的消耗强度日益增长,使得生态系统提供的服务能力呈不断下降趋势(杨光梅 等,2006)。在此背景下,越来越多的国内外学者开始关注生态系统服务及其价值评估的研究。国外很早就有学者提出对森林的破坏会导致水土流失和水井干涸,并意识到生态系统对于人类生存和发展具有重大的影响。美国科学家 Marsh 意识到自然系统对土壤、水、气候、废物处理和病虫害控制的重要性,在 1864 年出版的《人与自然》中提出生态系统具有为人类提供服务的功能。20世纪 50 年代,Leopold、Osbom、Vogt 等国外众多学者先后发表和出版研究报告和著作,促进生态系统服务相关理论的发展(谢高地 等,2001)。虽然人类很早就意识到生态系统对于人类生存与发展的重要作用,但关于生态系统服务或环境服务的研究却始于 20 世纪 70 年代。SCEP(关键环境问题研究小组,1970)在《人类对全球环境的影响》中指出生态系统为人类提供了包括气候调节、害虫控制、昆虫传粉、土壤形成、物质循环等"环境服务"。随后,Holdren 和 Ehrlich(1974)在 SCEP研究的基础上将这些服务拓展为"全球环境服务",并指出这些服务是人类无法运用科学技术或其他手段替代的。在经历了"环境服务""全球环境服务""自然服务"(Westman,1977)等不同提法之后,1981 年 Ehrlich P. 和 Ehrlich A.(1981)在对生态系统为人类提供服务的相关提法进行梳理的基础上,首次提出"生态系统服务"一词,广泛应用于后续研究之中。20 世纪 90 年代以来,对生态系统服务进行系统研究形成最具影响力的成果分别是 Daily 主编的《自然的服务:社会对自然生态系统的依赖》和 Costanza 研究组成员共同在 *Nature* 上发表的《全球生态系统服务和自然资本的价值》,以及 2001 年启动的"千年生态系统评估"项目(Costanza et al.,1997;MA,2005)。国内关于生态系统服务的研究,最早集中于森林这一单一生态

系统的生态功能的研究(薛达元 等,1999;薛达元 等,2000)。受到 Daily 和 Costanza 等国外研究成果的影响和启发,国内众多学者开始对森林、草地、湿地、农田等各类生态系统的生态系统服务及其价值评估理论与方法进行探索与研究(赵同谦 等,2004;谢高地 等,2001;闵庆文 等,2004;辛琨 等,2002;肖玉 等,2004),研究对象也从单一生态系统的生态系统服务及其价值研究拓展到区域综合生态系统服务及其价值研究,并涵盖了全国、流域或区域、地块等不同研究尺度(欧阳志云 等,1999;陈仲新 等,2000;石垚 等,2012;段锦 等,2012;李冰 等,2012;赵微 等,2013)。

　　人口和社会经济的快速增长是生态系统服务消费量增加的主要原因,对某种生态系统服务的消费可能会引起其他一些生态系统服务的改变,从而对生态系统产生冲击和压力。例如,人类通过砍伐森林以满足对木材的需求和消费,会造成水文径流发生改变,这不但会因改变生态系统产品供给服务而影响直接收益,而且会因改变生态系统生物物理、化学循环过程而影响生命支持服务供给能力(Pagiola et al.,2007)。相关研究表明,全球 24 项生态系统服务中,有 60% 处于正在退化或不可持续利用状态(MA,2005)。全球生态系统退化造成的生态系统服务供给能力急剧下降与人类对生态系统服务的需求和消费持续上升之间的矛盾日益突出(甄霖 等,2012)。要实现人类社会经济系统与自然生态系统的协调发展,人类对生态系统的消耗程度必须控制在其供给能力承受范围之内。在 MA(千年生态系统评估)创造性地提出生态系统与人类福祉各个要素之间的相互关系之后,国内外学者在生态系统服务供给与消费的关系以及生态系统服务与人类福祉关系等方面开展了一系列的研究与探索(Vemur et al.,2006)。国内对生态系统服务的研究由主要从供给角度评估生态系统服务价值量逐渐转为重视生态系统服务消耗及其与供给相互关系的研究。董家华等(2006)在 Costanza 全球生态系统服务价值研究成果的基础上,采用替代成本法等多种间接市场法估算人工生态系统对生态系统服务的消耗状况,分析生态系统供给与消耗之间的平衡关系。谢高地等(2008)以效用价值理论、生产者和消费者剩余理论、个人偏好与支付意愿理论为基础,尝试构建生态系统服务生产—消费—价值化的理论框架。2011 年,中国科学院启动了知识创新工程重要方向项目"生态系统服务的梯度消耗与环境效应研究",对生态系统服务供给和消耗的定量评估及其之间关系的研究逐渐成为生态系统服务研究领域所关注的热点。

　　3. 江苏沿海地区人类开发利用强度持续增加,对生态系统服务功能产生负面影响的程度加剧

　　2009 年 6 月 10 日,国务院通过的《江苏沿海地区发展规划》中指出,加快建设

新亚欧大陆桥东方桥头堡和促进海域滩涂资源合理开发利用作为发展重点,着力建设中国重要的综合交通枢纽、沿海新型的工业基地、重要的土地后备资源开发区和生态环境优美、人民生活富足的宜居区,将江苏沿海地区建设成为中国东部地区重要的经济增长极。该规划把江苏沿海开发战略上升到国家发展的高度,这是江苏沿海地区社会发展的重要机遇,对于江苏区域经济协调发展具有重要意义。在此背景下,江苏沿海地区土地利用尤其是滩涂湿地变化较为剧烈。沿海滩涂是江苏沿海地区重要的土地资源,自沿海开发战略实施以来,沿海滩涂资源的开发利用越来越受到重视,已逐步成为沿海地区振兴区域经济的重要增长极。根据《江苏省沿海滩涂围垦开发利用规划纲要(2008—2020)》,在 2020 年前,江苏省规划匡围滩涂 270 万亩,其中盐城规划匡围面积 131.5 万亩,约占全省的 48.7%,是江苏沿海未来匡围土地资源的主要组成部分。"江苏沿海滩涂围垦 18 万 hm² 垦区"建设任务已成为促进江苏沿海地区经济快速发展的重要举措之一(张长宽 等,2011)。为缓解土地资源的紧张,滩涂围垦成为实现江苏省耕地总量动态平衡的有效途径,但同时也带来的环境污染、生物栖息地破碎化等生态环境问题(金周益 等,2008),对沿海地区生态系统服务供给能力产生显著影响(肖建红 等,2010)。不合理的围垦行为或过度开发行为会导致生物多样性丧失和滩涂资源的枯竭,从而降低生态系统提供产品和服务的能力(郑华 等,2003)。因此,通过生态系统服务供给能力的变化来衡量滩涂围垦对生态系统的影响具有重要研究价值,为诊断生态系统状况提供支撑。已有研究成果表明,2000—2010 年,江苏沿海地区耕地生态服务价值整体呈下降趋势,与耕地集约利用水平呈显著负相关,不同经济发展水平下两者的相关程度具有明显的时空异质性,经济发展水平较高区域相关程度逐渐减少,经济发展水平较低区域相关程度逐渐增大(张琳 等,2008;王千 等,2012)。

综上所述,本文选择江苏沿海地区进行生态系统服务供给与消耗时空格局及其驱动机制研究具有重要理论与实践意义,具体表现在以下三个方面:(1)国内外现有涉及生态系统服务的研究大多数是从供给角度展开的,研究内容更多集中于生态系统服务价值评估,对于生态系统服务消耗的研究较少,关于生态系统服务供给与消耗关系的研究则更少。本文关于生态系统服务供给与消耗时空格局及其相互关系的研究,对于重新认识生态系统服务具有重要的学术价值,同时也为制定出合理的生态系统管理措施提供理论支撑。(2)在当前空间技术手段支持下,以净初级生产力和人类占用的净初级生产力来分别表征生态系统服务的供给与消耗,反映研究区生态系统服务供给与消耗的空间分布格局,为区域可持续发展提供现实依据,同时也为生态系统服务供给与消耗度量方法的选择提供一种新的思路。(3)在沿海开发战略背景下,不同于快速城市化地区,江苏沿海滩涂围垦区域的土地利用变化将会更为剧烈。围垦活动带来经济效益的同时,势必会对生态系统结构和功能造成影响,从而改变生态系统服务供给能力。研究不同围垦年限下围垦区生态系统服务供给能力的变化特征,对于合理围垦开发利用滩涂资源具有重要的现实指导意义。

1.2　生态系统服务理论与方法研究进展

1.2.1　生态系统服务的概念与类型

1. 生态系统服务的概念辨析

国外学者虽然在对生态系统服务的提法上取得了统一,但是对于生态系统服务的内涵却有着不同理解。Daily(1997)认为生态系统服务是指自然生态系统及其物种形成的能够维持人类生存和满足人类生活需要的条件和过程。Costanza(2008)认为生态系统服务是指人类直接或间接从生态系统功能中获得的收益,包括生态系统产品和服务。MA(千年生态系统评估)基本沿用 Costanza 的观点,认为生态系统服务是人们从生态系统获得的所有收益(MA,2005)。后续大多数关于生态系统服务的研究都是在此观点基础上展开的。但随着生态系统服务研究的不断增多和深入,开始有学者提出不同的观点。Wallance(2007)认为由于对生态系统过程、功能和服务界定不清,而将实现服务的过程(途径和手段)与服务本身(终极目标)相混淆,提出生态系统过程不是生态系统服务。Boyd 和 Banzhaf(2007)对“服务”和“收益”作了严格区分,认为收益是指会对人类福利产生明显影响的事物(例如更多的食物、更少的洪水),而生态系统服务并不是人类从生态系统获得的收益本身,而是为人类提供福利的生态组分或者说是收益的生产要素之一(人类收益还包括劳动力、技术、资金等其他生产要素),只有直接终点产品才是生态系统服务。Fisher 和 Turner(2008)也认为生态系统服务不同于收益,人类从生态系统中所得到的收益来自中间服务和终点服务。与 Boyd 和 Banzhaf、Wallance 不同的是,他们认为生态系统功能和过程都可以是生态系统服务,只要这些生态系统过程或功能会影响人类福利,就是属于“服务”范畴。

由于研究角度的不同,国外学者对于生态系统服务的内涵存在着不同的解释。从生态学角度,对于生态系统服务的定义更着重于对人类有益的生态系统内在功能和过程;从经济学角度,对于生态系统服务的定义则着重于人类从生态系统获得的收益。因此,大致可以将国外关于生态系统服务内涵的界定划分两大类:一类是生态系统服务等同于人类从生态系统中获得的收益,持该观点的主要有 Daily、Costanza、MA、Wallance;另一类是认为生态系统服务不同于人类从生态系统获得的收益,持该类观点的主要有 Boyd 和 Banzhaf、Fisher 和 Turner。但他们各自对于生态系统服务的解释又有区别。例如 Daily、Costanza、MA、Fisher 和 Turner 等认为洪水调节是一种生态系统服务,而 Wallance、Boyd 和 Banzhaf 认为洪水调节是一种生态系统过程;Daily、Costanza、MA、Wallance 认为食物是一种生态系统服务,而 Boyd 和 Banzhaf,Fisher 和 Turner 认为食物是一种收益。目前国内学者较多采用 Daily、Costanza 以及 MA 对生态系统服务的定义,开展生态系统服务价值评估的研究工作(欧阳志云 等,1999;谢高地 等,2001;李文华,2008)。

2. 生态系统服务类型划分

一方面,生态系统所提供的服务种类多样,相互之间又存在错综复杂的相互依存、相互影响的关系,对于生态系统服务的分类,至今未有全面、系统、科学的分类理论;另一方面,由于对于生态系统服务内涵界定不同,以及研究目标的差异性,提出的生态系统服务分类方案也多种多样。Fisher 等(2009)认为生态系统服务分类应依据生态系统与生态系统服务的特征及研究目的而定,不存在普适性分类方案。由于生态系统服务供给的多样性,因此基于不同研究角度或目的,形成了各种各样的生态系统服务分类方案。Costanza 等(1997)认为生态系统为人类提供的商品和服务统称为生态系统服务,将全球生态系统服务划分为 17 种类型,包括气体调节、气候调节、干扰调节、水分调节、水分供应、控制侵蚀和保持沉积物、土壤形成、养分循环、废弃物处理、传粉、生物控制、避难所、食品生产、原材料、基因资源、休闲娱乐、文化。此分类方案是目前最有影响的划分方式之一。MA(千年生态系统评估)根据生态系统的构成以及人类从生态系统中获取的效益,将生态系统服务划分为供给服务、调节服务、文化服务以及支持服务 4 大类,共 20 项服务(MA,2005),这是目前国内外应用最为广泛的分类方法之一。Boyd 和 Banzhaf(2007)提出了基于六种生态系统最终产品的分类体系;Posthumus 等(2010)将生态系统服务与人类偏好相结合,提出基于生态系统过程和功能的生态系统服务分类体系和价值评估方法。国内学者在参考国外研究成果的基础上,形成多种生态系统服务分类方案,如谢高地等(2001)将生态系统服务分为三大类:生活与生产物质的提供、生命支持系统的维持以及精神生活的享受。

1.2.2　生态系统服务供给与消耗的概念内涵与度量方法

1. 生态系统服务供给与消耗的概念内涵

生态系统服务的源头即服务在此产生，国内外学者主要以"供给""Supply"表示，或"供应""Provision""Production"和"Source"等（马琳 等，2017），本文称之为供给。生态系统服务供给是指在一定空间范围和时间范围内，生态系统通过生态过程提供的特定生态系统服务的数量和质量（王大尚 等，2013）。由于生态过程和生态功能的多样性和复杂性，使得生态系统服务供给呈现出多样性、复杂性和空间异质性等特征（Wu et al.，2018）。根据生态系统的承载能力和人对生态系统服务的利用程度，供给可分为潜在供给和实际供给。一方面由于需求较小或可达性差，实际并非所有的生态过程都可转变为服务，另一方面人类对某些生态系统服务的利用可能超过其本身的潜力（Bukvareva et al.，2017）。例如水资源供给，其潜在供给体现于生态系统为人提供水资源，只有人利用水，其潜在供给才转变为实际供给。若水源利用不足，则此时实际供给小于潜在供给；若水源过度利用导致水质下降和水量减少，则认为对生态系统服务的利用超过了其供应能力，即实际供给大于潜在供给。同时，生态系统服务的供给存在权衡关系，某类生态系统服务增加的同时，另一些种类的生态系统服务会相应增加或减少（Power，2010）。Raudsepp-Hearne 等（2010）研究发现景观尺度上粮食供给服务与肉类供给服务呈正相关关系，与土壤保持等调节服务和文化服务呈负相关关系。由于生态系统的空间异质性，所提供的生态系统服务自然也呈现出空间异质性，因此不同区域或不同生态系统类型，其主导生态系统服务也不尽相同。例如农田生态系统以食物和原材料生产等供给服务作为主导生态系统服务，而森林生态系统以水源涵养和土壤保持等调节服务作为主导生态系统服务（欧阳志云 等，2009）。

生态系统服务消耗在很多文献中也采用"消费"一词，是指人类生产和生活过程中对生态系统服务的消耗、利用或占用（谢高地 等，2008），也就是实际被利用的自然资源和生态服务。人类如果对某种生态系统服务过度消耗，往往会损害其他种类的生态体系服务，从而不利于区域可持续发展，因此人们在消耗生态系统服务时，应考虑到不同生态系统服务之间的关系。不同类型的生态系统服务具有明显的差异性，例如涵养水源、净化空气等生态系统服务的消耗成本没有显化，特别容易过度消耗这些具有公共产品性质的服务，导致生态系统功能退化，因此，对于不同类型的生态系统服务的管理方式也应差别化（王大尚 等，2013）。人类对生态系统服务的消耗主要受到两类因素的影响，一类是维持基本生存的需要，另一类是经济利益驱动的需要。前者是指维持生产条件和基本物质条件的生态系统服务,通常包括对大气调节、水源供给、养分循环等生命支持服务的消耗;后者是指依赖于自然生态系统,由人类需求和直接经济价值所驱动的,包括对食物等各种产品的消耗。人类在经济利益的驱使下,必然会增加对第二类生态系统服务的消费,但过度消费该类生态系统服务,往往又会削弱甚至损害其他生态系统服务,从而不利于区域可持续发展。

2. 生态系统服务供给与消耗的度量方法

国内外关于生态系统服务定量评估研究大多数是从供给角度来进行评估,主要方法可以划分为物质量评价法、价值量评价法、能值分析法三类。物质量评价法能够比较客观地反映生态系统的生态过程,从而定量评价生态系统服务的可持续性,但由于该方法得出的各项生态系统服务的量纲不同,因此只能对不同生态系统所提供的同一项生态系统服务功能进行评价,而不能对生态系统的综合生态系统服务功能进行评价(赵景柱 等,2000)。价值量评价法是将生态系统服务功能用货币值来表示,因此既能对不同生态系统同一项生态系统服务进行比较,也能对某一生态系统的生态系统服务功能进行综合评价,但由于生态系统服务类型多样,为了使得计算结果具有可比性,将不同类型生态系统服务的物质量转换成价值量的过程中,涉及多种价值评估方法,如直接市场法、替代市场法、模拟市场法等(Daily et al.,2000;Mendonça et al.,2003;Curtis,2004)。这些评估方法的基础均是费用—效益分析方法,根据市场发育程度分别应用于不同类型的生态系统服务(Pearce,1998;张志强 等,2001)。尽管由于研究对象不同、方法不同以及生态系统的复杂多样性,对生态系统服务价值的评估方法和结果存在一定争议,但其仍是目前应用最为广泛的一种评估方法(Bingham et al.,1995;Farber et al.,2002)。能值分析法是将生态系统为人类提供的各项服务或产品转换为太阳能值同一标准(Odum et al.,1996),该方法运用的局限性就是各项服务或产品的能值转换率计算难度大,且无法反映人类对生态系统所提供的服务的需求性(张芳怡 等,2006)。

如上所述,价值量评价法是目前国内外定量评估生态系统服务的应用范围最广的度量方法,尤其是 Costanza 等发表全球生态系统服务价值评估的研究成果,核算出单位面积生态系统类型价值量的全球标准,成为后来学者进行生态系统服务价值研究的计算基础。国内学者在 Costanza 研究成果的基础上,根据中国生态系统类型的差异性,作出相应修正,其中最具有代表性的是谢高地的中国标准(谢高地 等,2003;谢高地 等,2008),其也成为国内众多学者评估区域生态系统服务价值的计算基础(张芳怡 等,2009)。此外,也有学者对区域生态系统服务供给的价值评估方法提出了一些新的思路,如 Antle 等(2006)提出最小数据方法来模拟农业生态系统服务供给中土壤固碳能力,该方法对数据要求较低,大部分数据都可以通过二手资料获得,且模拟精度能够满足支持决策的需要。唐增等(2010)利用最小数据方法绘制出不同补偿价格情形下水资源服务的供给曲线,为生态系统服务付费政策提供理论支撑。近年来,开始有学者对生态系统服务消耗及其与供给之间的关系进行评估,如魏云洁等(2009)从生态系统服务消费者的角度对蒙古高原典型牧区生态系统服务中的食物和燃料消费的空间差异进行了实证分析与定量化研究,研究结果表明社会经济因素、生态系统服务的可获得性或可达性以及消费行为,均会影响人类对生态系统服务的消费模式,也会影响研究区域生态系统服务消费的空间差异。杨莉等(2012)选取食物和薪柴供给服务对黄河流域生态系统服务供给—消费的关系及其时空格局特征进行了实证分析,研究结果表明生态保护政策、土地利用政策、自然条件和生活方式等因素对人类生态系统服务消费的满足程度产生了重要影响,从而对人类福祉的改善和提高产生了重要影响。甄霖等(2012)分析与阐述了生态系统服务直接与间接消耗及其格局变化对生态系统本身的影响,定量模拟与表达了从农户到区域尺度个体生态服务消耗模式变化及区域演变规律。也有学者应用多种评估方法进行比较,如焦雯珺等(2010)运用物质量评价法、价值量评价法、能值分析法、生态足迹法四种不同计量方法测算贵州省从江县居民对生态系统服务的消费,引入负荷能力系数对生态系统服务供给与消费的平衡状况进行了分析。还有学者利用净初级生产力这一指标来反映生态系统服务状况,对生态系统服务供给与消耗进行评估与比较,如潘理虎等(2012)尝试构建农牧户尺度的多主体模型来模拟研究生态系统服务消耗的动态变化规律,为生态系统服务合理消耗模式研究提供支撑。闫慧敏等(2012a)提出以净初级生产力建立生态系统服务合理消耗评价体系的概念框架和计算方法,用人类占用净初级生产力来表示生态系统服务消耗。

1.2.3　净初级生产力与生态系统服务的相互关系

1. 净初级生产力与生态系统服务相互关系的理论基础

物种多样性由赤道向两极递减是地球表面最为显著的生态格局之一,关于其格局形成机制的假说不断被提出(Hubbell,2001;Brown et al.,2004;Colwell et al.,2004),其中讨论较多的假说之一是以气候因素为基础的能量假说(王志恒 等,2009)。生物地理学家很早就开始研究能量对物种多样性的影响,但大部分都是对于现象的定性描述,较少分析能量对物种多样性的影响机制(Hawkins et al.,2003)。Wright(1983)正式提出物种—能量假说这一术语,以能量代替面积对经典岛屿生物地理学理论进行修改,认为物种多样性受到太阳辐射能量的控制,并对全球 36 个岛屿上的物种多样性进行了实证研究。太阳辐射是生物圈最根本的能量来源,但其到达地球表面的光合有效辐射甚至小于 1‰(Öpik et al.,2005),太阳辐射对物种多样性产生直接影响的程度较小,因此更多研究集中于热能(热量动能)和化学能(势能)对物种多样性的影响。

Brown 等(2004)提出具有代表性的物种—能量假说之一生产力假说,净初级生产力(NPP)通常被用来衡量通过光合作用储存在生物体内的化学能。该理论认为外部环境能量的增加会提高一个地区的净初级生产力,增加生物量的积累,提供更多的食物,使得更多的物种能够共存,从而提高该地区的物种多样性(Wright,1983;Gaston,2000;Clarke et al.,2006)。此假说一经提出,就受到很多生态学家的关注(Costanza et al.,2007;Zobel et al.,2008)。国外许多实际观测数据的研究结果在一定程度上支持了生产力假说(Gurevitch et al.,2002),研究发现从全球范围来看群落 NPP 呈现出由赤道向两极逐渐减少的分布格局,Hawkin 等(2003)对全球鸟类多样性的研究也很好地支持了该假说。根据实测研究结果,在洲际尺度或全球尺度,生物物种多样性与生产力的关系大多数呈现单调上升曲线关系(Waide et al.,1999)。

上述研究为净初级生产力估算模型的构建提供了理论和实践支撑,也反映出物种多样性与净初级生产力之间具有明显的相关性。由于直接测定物种多样性的难度较大,从而很难直接对较大尺度或范围的生态系统服务供给能力进行评估,因此大多会采用替代指标。根据已有研究成果,净初级生产力与物种多样性之间存在相关关系,以净初级生产力作为替代指标来评估生态系统服务从理论上来看是可行的。

2. 净初级生产力与生态系统服务的相关性研究

净初级生产力是生态系统中物质与能量的基础,直接反映自然条件下生态系统的供给能力,是评估地球支持能力和生态系统可持续发展的一项重要生态指标(Field et al.,1998)。谢高地等(2003)认为生态系统服务与生态系统生物量具有密切的正相关性,并根据生物量对不同类型生态系统的单位面积生态系统服务价值进行修正。随着 GIS 和 RS 技术的发展,国内较多学者运用生态遥感定量模型对植被净初级生产力等生态参数进行反演,在全国或地区等不同空间尺度对草地、森林以及整个陆地生态系统的生态系统服务价值进行定量估算(鲁春霞 等,2009；姜立鹏 等,2007；刘军会 等,2008；刘宪锋 等,2013；任志远 等,2013)。上述研究中,净初级生产力是有机物质生产、营养物质循环、气体调节、生物多样性等多种生态系统服务和功能的计算基础(图 1-1)。有机物质生产是生态系统所提供的最基本也是最重要的功能,绿色植被通过光合作用将 CO_2 转化为有机物质,是人类及其他生物的能量来源与基础；营养物质循环是指生态系统通过光合作用将 N、P、K 等营养元素转化成有机物质,通过净初级生产力可以估算这些营养元素在生态系统中的吸收量,以此评估营养物质循环功能；气体调节是指生态系统固定 CO_2 并释放 O_2 的功能(郭伟,2012)。按照 MA 生态系统服务分类方案,净初级生产力这一指标反映了支持与调节服务等生态服务功能。

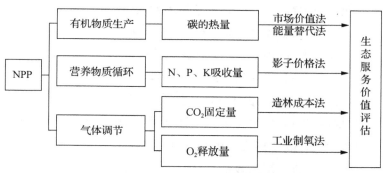

图 1-1　净初级生产力与生态系统服务的关系图

通过整理现有学者关于 NPP 与生态系统服务价值的研究成果(何浩 等,2005；王爱玲 等,2007；王建 等,2006),发现两者之间具有良好的线性正相关关系,且线性拟合度均高达 0.9 以上(师庆三 等,2010)。上述研究表明,运用净初级生产力这一指标为计算基础来评估生态系统服务或功能,在国内外学术研究中已积累了不少实践成果,以其作为评估生态系统服务或功能的衡量指标具有现实可行性。

1.2.4　净初级生产力变化的驱动因素

气候变化和土地利用变化对生态系统服务产生极大影响。Schröter 等(2005)应用生态系统模型对不同气候与土地利用情景下欧洲 21 世纪的生态系统服务供给进行了预测,研究结果表明,气候变化和土地利用变化会改变生态系统服务供给,这些改变可能是积极的、不确定的,但更多的带来生态系统服务供给能力的下降,例如土壤肥力的降低、可利用水资源的减少等。净初级生产力作为衡量陆地生态系统结构和功能状况的重要指标,在土地利用与土地覆被变化对生态系统功能与服务的影响的研究领域得到越来越多的应用。张兴榆等(2009)利用 IPCC 经验统计模型分析环太湖地区土地利用变化对植被碳储量的影响。徐昔保等(2011)利用改进 CASA 模型,模拟了太湖流域 NPP 时空变化格局,研究结果表明太湖流域 NPP 总量呈减少趋势,城市化快速扩展是其主导原因,土地整理有助于增加 NPP,退耕还林短期内造成 NPP 的减少,但从长期来看有助于 NPP 的增加,养殖业发展和耕地复种指数下降导致 NPP 减少。

农业生态系统是受到人类强烈干扰的生态系统,具有开放性、高效性、脆弱性和依赖性(尹飞 等,2006)。近年来,国内外学者开始运用 NPP 这一生态指标,从不同尺度分析了土地利用变化对农田生态系统的影响。闫慧敏等(2012b)利用光能利用率遥感模型和耕地生产力占补平衡指数模型,对土地利用变化导致的耕地生产力时空变化特征进行了分析,研究结果表明新增耕地生产力总量比被占用耕地生产力要高,使得耕地生产力总体增加,其中城市化过程中建设占用是导致耕地生产力损失的主要原因,占耕地生产力减少总量的 60% 以上。农田 NPP 不仅受到作物本身生理特征的限制,还受到气温、降水等环境气候因子以及土壤、人类活动等的制约。我国长江以南地区由于年降水量较大,农田 NPP 主要受到光照条件影响;而长江以北地区,农田 NPP 主要受到水分条件制约(朱锋 等,2010)。国志兴等(2009)利用 MOD17A3 数据集的年均 NPP 数据,对三江平原农田生产力的时空动态特征进行了分析,研究结果显示三江平原地区 2000—2005 年水田 NPP 平均值为 339.90 gC/m², 旱地 NPP 平均值为 348.06 gC/m², 期间农田年均净初级生产力有所下降,主要是受到了气候变化、土地利用等人类活动的影响。朱锋等(2010)利用 MODIS 产品的 NPP 数据,对东北地区农田生产力的空间分布特征进行分析,研究结果显示农田生产力主要受到降水影响,呈正相关关系,与温度呈负相关关系。

综上所述,国内外现有关于净初级生产力驱动因素的研究大多集中于两个方面:一是人类活动尤其是土地利用变化对净初级生产力的影响研究,一是净初级生产力对气候变化的响应研究(Nemani et al., 2003;国志兴 等,2008;姚玉璧 等,2010;王琳 等,2010;丁庆福 等,2013)。考虑到通过各种模型估算得到的净初级生产力在土地利用和气候条件等因素综合作用下的结果,为了更好地揭示净初级生产力变化的影响机制,国内外学者开始采用多种方法确定土地利用和气候变化分别对净初级生产力影响的贡献率。如 Hicke 等(2004)根据美国农业部国家农业统计数据,从国家尺度上分别计算气候变化和土地利用变化对农田 NPP 总量的影响量和贡献率。王原等(2010)借鉴 Hicke 提出的计算方法,分析与评估气候变化和土地利用变化对上海市农田 NPP 总量变化影响的贡献率,研究结果表明土地利用变化对农田 NPP 总量的影响较大,且随时间增长影响贡献率逐步增长。由此说明在短期时间尺度上土地利用变化对农田 NPP 总量变化的影响起主导作用。徐占军等(2012)利用潜在 NPP 和实际 NPP 差异来衡量采矿活动对净初级生产力的影响,将气候变化对净初级生产力的影响进行剔除。

1.2.5 净初级生产力的人类占用研究

国内外关于植被净初级生产力(NPP)的大量研究表明,人类活动逐渐成为 NPP 变化的主导因素(Defries et al.,1999),其对 NPP 变化影响的定量化研究也逐渐受到广大学者的关注。一些研究利用潜在 NPP 和实际 NPP 的差异来定量衡量人类活动对陆地生态系统的影响程度(Zika et al.,2009;Zhang et al.,2011;李传华 等,2016;吴艳艳 等,2018;Liu et al.,2019),其中,潜在 NPP 为不受人类活动干扰的自然状态下陆地生态系统植被的净初级生产力,实际 NPP 为现有土地利用与土地覆被条件下生态系统实际的植被净初级生产力。Haberl 等(2007)在此基础上,进一步将人类收获占用的 NPP 纳入计算范围,并提出净初级生产力的人类占用(HANPP)指标,该指标由两部分组成,一部分是土地利用变化占用的 NPP,即上述的潜在和实际 NPP 的差值,另一部分为人类和牲畜直接利用食物、纤维和燃料等生物资源占用的生物量以及间接占用的生物量(如农作物收获过程中作物秸秆、地下根系等残余物部分的生物量、林木采伐过程中损失的生物量等)。现有研究中,一般利用 HANPP 占潜在 NPP 的比例来综合反映人类活动对陆地生态系统的影响程度。

大量学者在不同尺度以及不同区域围绕 HANPP 开展了广泛的研究,1910—2005 年全球 HANPP 占潜在 NPP 的比例从 13% 增加到 25%,总体呈增加趋势(Krausmann et al.,2013;Haberl et al.,2007)。欧洲地区 1990—2006 年 HANPP 变化较为平稳,占潜在 NPP 的比例在 42%～44% 之间波动(Plutzar et al.,2015);非洲地区 1980—2005 年 HANPP 增长了 55%,占潜在 NPP 的比例从 14% 增加到 20%,与全球平均水平较为接近(Fetzel et al.,2016)。发达国家,如英国(Musel,2009)、西班牙(Schwarzlmüller,2009)、德国(Niedertscheider et al.,2014)的 HANPP 占潜在 NPP 的比例达到 60%～75%,远远高于发展中国家水平,如南非(Niedertscheider et al.,2012)约为 21%。

中国区域的 HANPP 研究较少,Chen 等(2015)利用周广胜模型和 MODIS NPP 产品估算的中国 2000—2010 年的 HANPP 水平为 56%～60%。局部区域的研究主要集中在西藏地区(Zhang et al.，2018)、石羊河流域(李传华 等,2016)、黑河流域(李枫 等,2018)及江苏沿海地区(Zhang et al.，2015)等。其中,Zhang(2015)系统研究了以农田生态系统为主的江苏沿海地区的 HANPP 情况,2001—2010 年该区域 HANPP 占潜在 NPP 比例为 50.3%~71.0%;Zhang(2018)研究了以草地生态系统为主的中国西藏地区的 HANPP 情况,1989—2015 年,该地区 HANPP 占潜在 NPP 的比例为 6.9%~13.5%。

1.3 生态系统服务供给与消耗研究方案

1.3.1 研究内容

1. 江苏沿海地区土地利用时空格局演变研究

考虑到土地利用变化的矢量属性,引入土地利用转移流这一概念对江苏沿海地区土地利用的时空动态特征进行分析。为揭示江苏沿海地区土地利用变化的热点区域及其变化形态,主要从土地利用转移流量、土地利用活跃度、土地利用转移路径等方面展开分析。

2. 江苏沿海地区生态系统服务供给能力研究

运用 CASA 模型对江苏沿海地区 NPP 进行估算,以 NPP 来表征区域生态系统服务供给能力,分析江苏沿海地区 2000—2010 年生态系统服务供给水平的总体变化趋势及空间分布格局。通过逐像元相关分析,研究 NPP 供给水平与气候因子之间关系的空间特征。通过分析各土地利用类型转移流的 NPP 变化响应来定量刻画土地利用变化对生态系统服务供给能力变化的影响程度及其贡献率。

3. 江苏沿海地区生态系统服务消耗研究

利用作物产量数据,构建江苏沿海地区生态系统服务消耗估算模型(CNPP),对人类收获占用 NPP 进行估算,以此表征区域生态系统服务的消耗程度,分析江苏沿海地区 2000—2010 年生态系统服务消耗水平的时空演变格局。通过分析土地利用、农业生产条件、气候条件、社会经济条件等对 NPP 消耗的影响,解释江苏沿海地区生态系统服务消耗的驱动机制。

4. 江苏沿海地区生态系统服务供给与消耗关系研究

通过计算生态系统服务压力指数和生态系统生态服务能力,反映江苏沿海地区生态系统服务供给与消耗之间平衡关系的时空分布特征。以区域生态系统服务供给与消耗格局指标为物种变量,以社会经济条件、农业生产条件、土地利用状况等驱动因素为环境变量,运用 RDA 排序法,揭示区域生态系统服务供给与消耗格局指标与各类环境因子指标之间的空间对应关系。

5. 江苏沿海地区滩涂围垦的生态系统服务响应研究

在分析江苏沿海滩涂围垦开发利用现状的基础上,研究 2000—2010 年江苏沿海滩涂围垦区生态系统服务供给能力的总体变化趋势,并对江苏沿海围垦区 1950—2010 年不同围垦年限的 NPP 供给能力进行了分析。为揭示滩涂围垦活动对生态系统服务的影响过程,对江苏沿海滩涂围垦区进行实地调查与采样,提取土地利用结构、土壤有机质等土地利用属性数据,分析不同围垦年限下土地利用属性与 NPP 之间的关系,研究滩涂围垦的生态系统服务的响应特征。

1.3.2　研究方法

在 RS 和 GIS 技术支持下,运用分类、叠加、空间计算等空间分析方法,分析江苏沿海地区土地利用变化的时空动态特征。

运用 CASA 模型估算 NPP 来定量刻画生态系统服务供给能力及其空间分布。运用逐像元统计学分析方法,对江苏沿海地区生态系统服务消耗能力的时空格局特征及其影响因素进行分析。

从净初级生产力的人类占用角度,构建 NPP 消耗估算模型来定量刻画生态系统服务消耗能力。从土地利用、农业生产条件、气候条件、社会经济因素等方面对江苏沿海地区生态系统服务消耗能力的影响因素进行分析与研究。

通过计算生态系统服务压力指数和生态服务能力,分析生态系统服务供给与消耗关系的时空演变过程。运用约束性排序方法,对生态系统服务供给与消耗格局的驱动机制进行分析。

运用"空间代时间"的方法,分析不同围垦年限垦区 NPP 的空间分布规律,从土地利用结构和土壤有机质两方面对土地利用特征与 NPP 供给之间的关系进行分析,以反映滩涂围垦对生态系统服务的影响。

1.3.3　技术路线

本研究的总体思路是:在分析土地利用时空动态特征的基础上,识别出江苏沿海地区土地利用变化的热点区域和活跃土地利用类型。以净初级生产力和人类收获占用的净初级生产力分别表征生态系统服务的供给与消耗,对江苏沿海地区生态系统服务供给与消耗的时空格局特征及其驱动机制进行分析与研究。最后,对江苏沿海地区土地利用变化的热点区域——滩涂围垦区的围垦活动的生态系统服务响应进行分析。具体技术路线如图 1-2 所示。

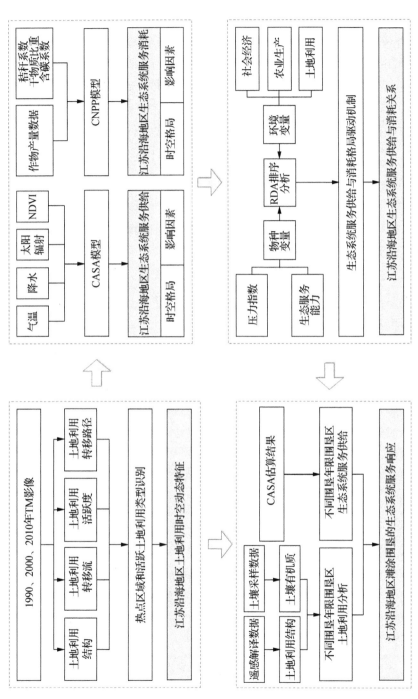

图1-2 研究技术路线图

第 2 章　江苏沿海地区土地利用时空动态特征

2.1　区域概况

2.1.1　研究范围与区位

1. 研究范围界定

本文将江苏沿海地区界定为覆盖连云港、盐城、南通三市行政区划全部范围，其中连云港市包括新浦区、海州区、连云区、赣榆区、东海县、灌云县、灌南县，盐城市包括亭湖区、盐都区、响水县、滨海县、阜宁县、射阳县、建湖县、东台市、大丰区，南通市包括崇川区、港闸区、通州区、海安县、如东县、启东市、如皋市、海门市，具体行政区划分布如图 2-1 所示。考虑到统计数据受到城市行政区划调整的影响，会出现统计区域口径不一致的问题，因此，研究涉及统计数据分析时，将连云港新浦区、海州区、连云区合并为连云港市区，南通市崇川区、港闸区合并为南通市区，亭湖区为盐城市区。

2. 区位条件

江苏沿海地区位于 $31°41'\sim35°07'$N、$118°24'\sim121°55'$E，东与东亚隔海相望，南邻上海，西连新亚欧大陆桥和长江黄金水道，北接环渤海地区，是长江三角洲的重要组成部分，地处我国沿海、长江和陇新线三大生产力布局主轴线的交汇区域，具有独特的区位优势，在提升长三角地区整体实力、增强服务带动中西部地区发展能力、促进全国区域协调发展中具有重要的战略地位。经济全球化和长三角地区经济一体化的深入发展以及国家西部大开发和中部崛起战略的深入实施，为江苏沿海地区经济和产业发展提供了有力支撑。

2.1.2　自然条件

1. 气候条件

江苏沿海地区受季风气候控制，处于暖温带与北亚热带的过渡地带，为湿润季

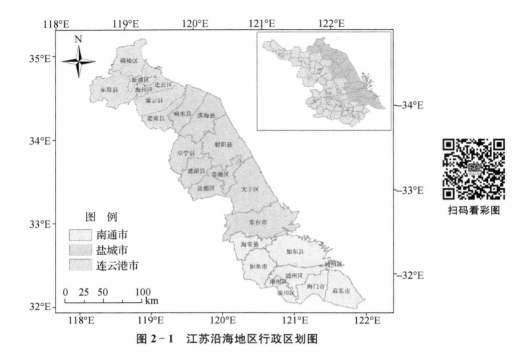

图 2-1　江苏沿海地区行政区划图

风区。年平均气温 13～15 ℃,年日照总量 2 100～2 650 h,全年太阳总辐射量达
110～126 kcal/cm²(461～528 kJ/cm²),年降雨量 850～1 080 mm。全年风向具有
明显的季节性变化,冬季盛行偏北风,夏季盛行偏南风。海岸线附近年平均风速
4～5 m/s,岸内带一侧最大风速 20～25 m/s,主要出现在 7～9 月热带气旋活动的
季节(王鹏 等,2009)。

2. 土壤条件

江苏沿海属平原海岸,地势开阔,地形平坦,土壤类型不多。土壤分类单元与
地理景观单元基本一致,生态类型的演替、地理景观的变化和土壤类型的发育三者
也基本一致,除云台山区的棕壤和赣榆沿海的砂礓黑土类外,其他广阔的平原海岸
中,海堤以外潮间带内分布着滨海盐土类,堤内老垦区主要分布着潮土类(包括灰
潮土、盐化潮土、棕潮土、盐化棕潮土四个亚类)。土壤盐分、土壤养分和土壤物理
性质除新垦区和堤外滩涂外,一般具备良好的农业生产条件(杨宏忠,2012)。

3. 水资源条件

江苏沿海地区分属三大水系,废黄河以北属沂沭泗水系,废黄河以南至 328 国
道、如泰运河为淮河下游区,如泰运河以南属长江流域。可利用的地表水主要来自

降水,多年平均径流深 262 mm,外来过境水较为丰富,南、北水资源利用程度不尽相同。由于滩涂垦区处于各供水系统的末端,供水条件差,遇干旱季节,水质也较差,存在普遍缺水的现象(王鹏 等,2009)。

2.1.3 社会经济条件

江苏沿海地区绝大部分在历史上经济基础都比较薄弱,处于全国沿海经济的低谷区。经过多年的建设和近年来社会各界对沿海经济开发的重视,该地区已具备经济腾飞的基础条件。沿海地区产业结构中第一产业仍然占据较大比重,而第二和第三产业则比重较小。近年来,在国家支持和地方统筹规划下,当地政府投入了巨大的人力、物力和财力进行基础设施的改造和改善。交通方面,建有穿越盐城市和南通市的新长铁路,以及沿海、宁靖盐、宁通、徐淮盐、宁连等高速公路。随着公路建设投资力度的加大,支线路况也得到了极大的改善。港口方面,连云港位于欧亚大陆桥的东桥头堡,南通市地处长江出海口,交通条件便利。北部以连云港港为中心大港,包括连云港两翼柘汪、海头港群和灌河港口集群;中部以大丰港为中心港口,包括射阳港、陈家港等;南部以南通洋口港为中心大港,形成包括吕四港、东灶港与南通港的港口集群。目前建有大丰港、洋口港两大深水港口。港口项目的建设极大地推动了沿海的经济发展和基础设施的配套。优越的经济区位非常有利于发展外向型农业。农业方面,科技兴农步伐加快,农业生产条件不断改善,农业综合生产能力进一步提高,江苏沿海地区的农产品绝对产量呈现逐年递增态势,而且占全省的比重也呈现出递增态势。从农产品产量结构看,粮食占农产品产量比重处于领先地位,历年相对稳定;棉花和水产品产量比重也在逐年增加。丰富的农产品原料既是发展高效规模农业的基础,也是龙头企业建设原料基地的基础。

1. 经济发展水平

据统计,2010 年江苏沿海地区 GDP(国内生产总值)为 6 991.74 亿元,拥有江苏省 31.65% 的土地面积,GDP 却仅占江苏省的 16.88%。江苏沿海地区人均 GDP(按常住人口算,下同)为 36 794 元,低于江苏省平均水平(人均 GDP 为 52 840 元)。如图 2-2 所示,对比江苏省 13 个地级市人均 GDP 可知,连云港、盐城、南通三市经济发展水平相对较为落后,均低于江苏省平均水平。从江苏沿海三市来看,经济发展水平具有明显地域差异,南通市经济发展水平最高,人均 GDP 为 48 083 元;连云港经济发展水平最低,人均 GDP 仅为 26 987 元。从江苏沿海三市内部县市来看,南通市区经济发展水平最高,人均 GDP 为 62 132 元,比江苏沿海平均水平高出约 70%;灌云县经济发展水平最低,人均 GDP 仅为 17 765 元,不及江苏沿

海平均水平的一半(图 2-3)。综上所述,江苏沿海地区相对整个江苏省而言经济
发展水平较低,且地区之间经济发展水平差距明显。

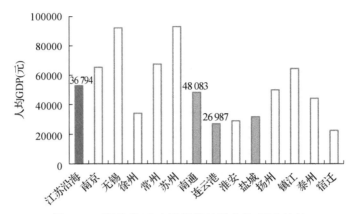

图 2-2 江苏省 13 市及沿海地区人均 GDP 比较

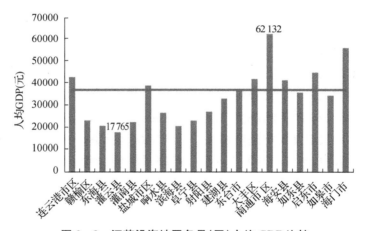

图 2-3 江苏沿海地区各县(区)人均 GDP 比较

2. 产业结构

2010 年江苏沿海地区产业结构(第一、二、三产业占比分别为 11.8%、50.8%、
37.5%)与江苏省产业结构(第一、二、三产业占比分别为 6.1%、52.5%、41.4%)
相比,第一产业比重偏高,第二、三产业比重偏低。如图 2-4 所示,对比江苏省 13
个地级市产业结构可知,连云港、盐城第一产业比重相对过高,第二产业比重相对
过低;南通市第二产业比重相对较高,但第三产业比重偏低。从江苏沿海三市各县
(区)来看(图 2-5),第一产业占 GDP 比重最低的区域是南通市区,为 3.3%,第一

产业占 GDP 比重最高的区域是灌云县,达到 27.3%,由此反映出第一产业比重与经济发展水平具有较高的一致性;南通各县(区)第二产业比重均较高,而第三产业比重偏低。总体而言,江苏沿海地区产业结构中第一产业比重偏高,第三产业比重偏低,沿海各县(区)之间产业结构差异较为显著。

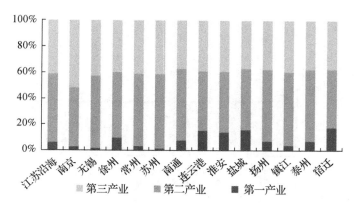

图 2 - 4　江苏省 13 市及沿海地区产业结构比较

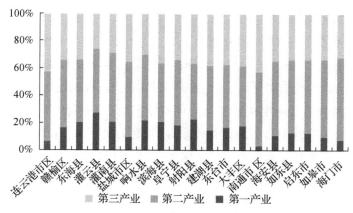

图 2 - 5　江苏沿海地区各县(区)产业结构比较

3. 人口密度

2010 年江苏沿海地区人口密度为 640 人/km²,其中南通市人口密度最大,为 954 人/km²,连云港市次之,盐城市人口密度最小。从江苏沿海三市各县(区)来看(图 2 - 6),人口密度最大的区域是南通市区,为 1 391 人/km²;人口密度最小的区域是大丰区,为 237 人/km²。将人口密度与经济发展水平进行比较发现,连云港、南通各县(区)人口密度与经济发展水平的分布特征基本一致,即经济发展水平较高的区域,人口密度也较大;而盐城各县(区)人口密度与经济发展水平之间的相关性不明显,这与盐城市的土地利用特点具有一定关系。盐城市土地面积中滩涂湿地占有较大比重,导致区域土地总面积的基数较大,因此盐城东台市、大丰区、射阳县等滩涂湿地面积较大区域的人口密度较小。

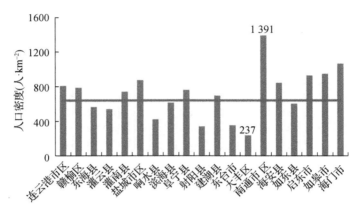

图 2-6　江苏沿海地区各县(区)人口密度比较

2.1.4　土地覆盖数据

土地覆盖数据共三期,时间分别为 1990、2000、2010 年。数据来源于 TM 遥感影像(http://www.gscloud.cn/)的解译。TM 数据主要选取成像时间在 5～9 月份的影像,此阶段为植被主要的生长、收获季节,能比较准确地解译植被的分布。

TM 影像解译分类标准主要参考中国科学院"国家资源环境遥感宏观调查与动态研究"项目采用的土地资源分类体系(刘纪远,1997),并结合沿海地区的特殊性,将土地利用类型划分为耕地、林地、建设用地、水域、滩涂湿地、未利用地六种类型。滩涂湿地作为江苏沿海地区的一种典型土地利用类型,为突出呈现其变化过程,将其从水域中划分出来,单独列为一类。由于滩涂湿地边界的动态性,国内外学者对其内涵及范围的界定不尽相同。为便于调查统计与分析,国内大多数学者采用彭建等(2000)对滩涂的定义,认为滩涂范围包括潮上带、潮间带和潮下带可供开发利用的部分。考虑到土地利用变化分析的一致性,本文在划定滩涂湿地边界时,参考全国第二次土地调查关于滩涂湿地的划定,以零米等深线为向海一侧界限。土地覆盖分类结果如图 2-7 所示。

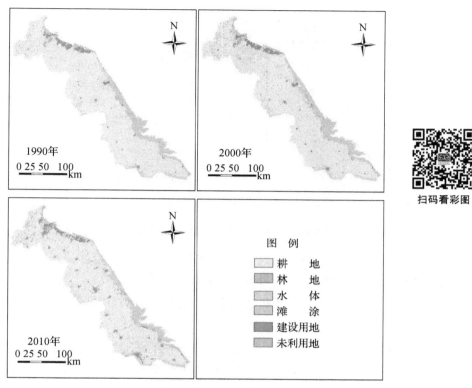

图 2-7 江苏沿海地区 1990、2000、2010 年土地利用分类图

2.2 土地利用结构

江苏沿海地区土地利用类型以耕地为主,占区域土地总面积的比例从 1990 年的 80.11%下降到 2010 年的 77.18%(图 2-8),但仍属于江苏沿海地区占绝对优势的土地利用类型。滩涂湿地是沿海地区第二大土地利用类型,其占区域土地总面积的比例从 1990 年的 11.39%下降到 2010 年的 8.39%,这主要是由于沿海开发战略的实施,对滩涂湿地进行围垦开发利用导致其面积不断缩小。江苏沿海地区水域用地面积略低于滩涂湿地,占区域土地总面积的比例从 4.11%上升到 6.54%,其原因主要是养殖水面不断增加。

2.3 土地利用转移流

土地利用转移流是指土地利用类型中参与土地利用变化的总量,包括转入流

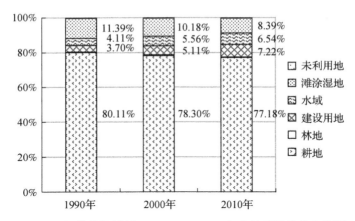

图 2-8　江苏沿海地区 1990、2000、2010 年土地利用结构变化图

和转出流,可以用来反映土地利用变化的矢量属性(马彩虹 等,2013)。将不同年份的土地利用数据进行叠加分析,可以统计出不同时段内区域各土地利用类型变化的数量,包括土地利用新增部分和减少部分,分别用土地利用转入流和土地利用转出流来表示。

统计结果显示,江苏沿海地区 1990—2000 年区域土地利用转移流总量为 2 060.24 km²。由图 2-9(a)可知,该时段内转入流最多的土地利用类型是水域,占土地利用转入流总量的 37.44%;其次是建设用地和耕地,分别占土地利用转入流总量的 31.64% 和 22.07%。转出流最多的土地利用类型是耕地,占土地利用转出流总量的 52.89%;其次是滩涂湿地和水域,分别占土地利用转移流总量的 20.79% 和 12.75%。

2000—2010 年江苏沿海地区土地利用转移流总量为 3 000.26 km²。由图 2-9(b)可知,该时段转入流最多的土地利用类型是建设用地,占土地利用转入流总量的 38.76%;其次是水域和耕地,分别占土地利用转入流总量的 31.48% 和 24.92%。转出流最多的土地利用类型是耕地,占土地利用转出流总量的38.07%;其次是滩涂湿地、水域和建设用地,分别占土地利用转移流总量的 21.59%、20.04% 和 14.07%。

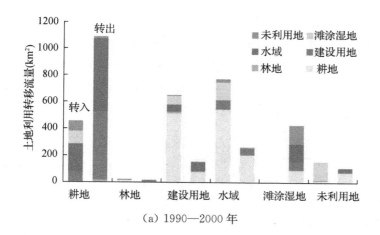

（a）1990—2000 年

扫码看彩图

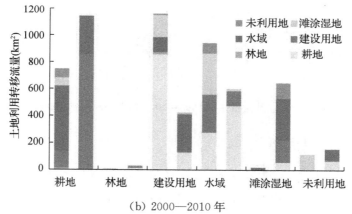

（b）2000—2010 年

图 2-9　江苏沿海地区 1990—2010 年土地利用类型转移流图

如图 2-10 所示,1990—2000 年连云港土地利用转移流为 486.24 km²,占江苏沿海地区土地利用转移流总量的 23.43%,其中耕地对区域土地利用转移流贡献最大,土地利用转移流集中分布于耕地、建设用地和水域,三者累计贡献率达到95.05%;盐城市土地利用转移流为 1 291.76 km²,占江苏沿海地区土地利用转移流总量的 62.70%,除林地外其他土地利用类型均有一定程度贡献,土地利用转移流在各土地利用类型中的分布更为均衡,且江苏沿海地区滩涂湿地、未利用地的土地利用转移流主要集中于盐城市;南通市土地利用转移流最小,仅占江苏沿海地区土地利用转移流总量的 13.88%,各土地利用类型对区域土地利用转移流贡献特征与连云港较一致。2000—2010 年江苏沿海三市土地利用转移流数量均大幅增加,南通市土地利用转移流数量超过连云港,且土地利用转移流在各土地利用类型的分布上有所变化。盐城市土地利用转移流则由耕地向水域偏移。此外,南通市滩涂湿地以及未利用地对区域土地利用转移流的贡献率有所提升,分别从 9.27%、0.89% 增加到 16.86%、4.18%,与前一时段相比,该时段内南通市土地利用转移流在各土地利用类型上的分布明显更为均衡。

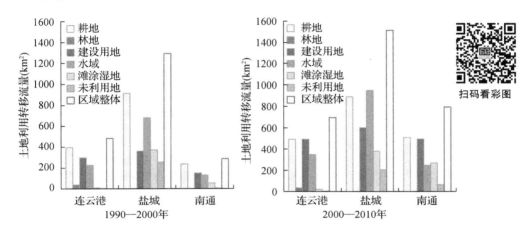

扫码看彩图

图 2-10 江苏沿海三市 1990—2010 年土地利用类型转移流

2.4 土地利用活跃度

由于土地利用变化的影响多种多样,使得土地利用在变化过程中呈现出多向性、非线性、时空异质性以及尺度差异性等复杂系统特征(马彩虹 等,2013)。在各种土地利用类型的变化过程中,既有数量变化,又有相互转移的多向性,表现出矢量属性。传统的数量分析模型以及动态度模型没有充分考虑到土地利用变化的矢量属性,掩盖了土地利用相互转化的变化过程,从而无法真实反映区域土地利用动态特征和识别土地利用变化的"热点"区域。由于土地利用转移过程中转入流和转出流发生在不同空间范围,都会对土地利用产生影响,因此在衡量土地利用动态特征时必须要将转入流和转出流两个方向的土地利用转移流量均考虑进来。

本文运用土地利用活跃度这一指标来表征土地利用动态特征,具体分为土地利用类型活跃度和区域土地利用综合活跃度。土地利用类型活跃度是指一定时期内某一土地利用类型转移流(即转入流和转出流之和)占该土地利用类型期初面积的比例,用于区域不同土地利用类型的比较,识别活跃土地利用类型。区域土地利用综合活跃度是指一定时期内区域土地利用转移总量占区域土地总面积的比例,

用于不同区域之间的比较,识别"热点"区域。计算公式如下:

$$LF_i = LI_i + LO_i$$

$$LAC_i = \frac{LF_{i(t_1,t_0)}}{LA_{i(t_0)}} \times 100\%$$

$$LAC = \frac{\sum_{i=1}^{n} LF_{i(t_1,t_0)}}{2\sum_{i=1}^{n} LA_{i(t_0)}} \times 100\%$$

式中,LF_i、LI_i、LO_i分别表示第i种土地利用类型转移流、转入流、转出流;LAC_i是第i种土地利用类型活跃度;LAC是区域土地利用综合活跃度;LA_i是第i种土地利用类型面积;t_0、t_1分别表示土地利用变化期初和期末;n表示土地利用类型的分类数。

从江苏沿海地区整体来看,1990—2000年耕地转移流为 1 544.30 km²,对区域土地利用转移流的贡献率最大,达到 37.48%;其次是水域和建设用地,土地利用转移流分别为 1 034.05 km²和 808.61 km²,对区域土地利用转移流的贡献率分别为 25.10%和 19.62%。各土地利用类型对区域土地利用转移流的贡献率的顺序为耕地>水域>建设用地>滩涂湿地>未利用地>林地(图 2 - 11)。1990—2000年各土地利用类型中未利用地活跃度最高,达到 241.93%;其次是水域和建设用地,活跃度分别为 71.62%和 62.23%;耕地活跃度最低,仅为 5.49%。各土地利用类型活跃度的顺序为未利用地>水域>建设用地>林地>滩涂湿地>耕地,这主要是由于未利用地面积基数较小而耕地面积基数较大,同时江苏沿海地区未利用地开发程度较大。总体上,1990—2000年江苏沿海地区土地利用综合活跃度为 5.87%(表 2 - 1)。

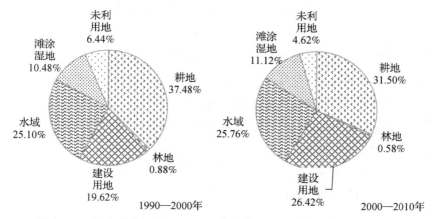

图 2 - 11　江苏沿海地区 1990—2010 年各土地利用类型转移流贡献率

与 1990—2000 年相比,江苏沿海地区 2000—2010 年土地利用变化特征基本一致。2000—2010 年耕地转移流对区域土地利用转移流的贡献率有所降低,建设用地转移流对区域土地利用转移流的贡献率有所升高。2000—2010 年各土地利用类型活跃度顺序基本保持不变,除未利用地、林地活跃度有所降低,建设用地、滩涂湿地等土地利用类型活跃度均有大幅度提高,分别提升约 26% 和 8%,区域土地利用综合活跃度提高到 8.55%(表 2-1)。总体上,江苏沿海地区土地利用综合活跃度呈现上升趋势,其中建设用地和滩涂湿地活跃度均有较大幅度提升,这与沿海开发战略背景下,江苏沿海地区中心城市扩展和沿海滩涂围垦开发速度加快有关。

表 2-1　江苏沿海地区 1990—2010 年土地利用活跃度

土地利用类型	1990—2000 年		2000—2010 年	
	转移流/km²	活跃度/%	转移流/km²	活跃度/%
耕地	1 544.30	5.49	1 890.04	6.88
林地	36.16	27.54	34.64	25.08
建设用地	808.61	62.23	1 585.14	88.33
水域	1 034.05	71.62	1 545.83	79.18
滩涂湿地	431.88	10.80	667.49	18.68
未利用地	265.48	241.93	277.38	174.38
区域总体	2 060.24	5.87	3 000.26	8.55

从江苏沿海三市来看(图 2-12),1990—2000 年连云港市土地利用综合活跃度与江苏沿海地区平均水平较接近,其中滩涂湿地和未利用地活跃度明显低于江苏沿海地区平均水平,其他土地利用类型活跃度均接近江苏沿海地区平均水平,这是由于连云港市沿海区域基本上为侵蚀型岸段,滩涂湿地与未利用地的面积很小,变化面积也很少;盐城市土地利用综合活跃度最高,大部分土地利用类型活跃度高于江苏沿海地区平均水平,尤其是水域和滩涂湿地活跃度最大,这是由于盐城沿海区域基本为淤涨型岸段,滩涂围垦开发活动较为剧烈;南通市土地利用综合活跃度最低,但未利用地活跃度远远超出江苏沿海地区平均水平,建设用地活跃度也较高,其他土地利用类型活跃度均明显低于江苏沿海地区水平。与 1990—2000 年相比,2000—2010 年连云港、盐城、南通土地利用综合活跃度以及各土地利用类型活跃度的变异系数有所降低,更接近于江苏沿海地区平均水平。

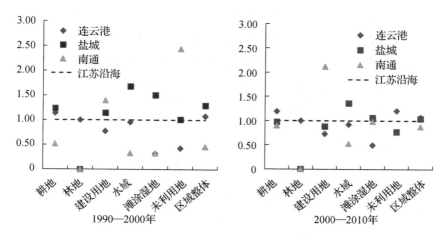

图 2 - 12 江苏沿海三市 1990—2010 年土地利用相对活跃度

根据以上分析,由于沿海岸段类型和开发利用方式的差异性,江苏沿海三市各土地利用类型活跃度差异明显。连云港市各土地利用类型活跃度差异较小,接近江苏沿海地区平均水平;盐城市大部分土地利用类型活跃度均较高;南通市建设用地和未利用地活跃度较高。江苏沿海三市土地利用综合活跃度的区域差异程度呈逐渐缩小的趋势。

2.5 土地利用转移路径

如表 2 - 2 所示,从江苏沿海地区整体来看,1990—2000 年江苏沿海地区土地利用转移流量最大的转移路径是耕地转为水域,占土地利用转移流总量的26.47%;其次是耕地转为建设用地、水域转为耕地,分别占土地利用转移流总量的24.87% 和 10.00%;再次是滩涂湿地转为未利用地、水域、耕地,分别占土地利用转移流总量的 6.70%、6.41% 和 4.52%。以上六种土地利用转移路径对江苏沿海地区土地利用变化的累计贡献率达到 78.96%,是江苏沿海地区该时段内土地利用转移关键路径。

2000—2010 年江苏沿海地区土地利用转移流量最大的转移路径是耕地转为建设用地,占土地利用转移流总量的 28.67%;其次是水域转为耕地、滩涂湿地转为水域,分别占土地利用转移流总量的 15.92% 和 10.26%;再次是耕地转为水域、建设用地转为水域、滩涂湿地转为建设用地,分别占土地利用转移流总量的9.34%、9.31% 和 5.50%。以上六种土地利用转移路径对江苏沿海地区土地利用变化的累计贡献率达到 79.01%,是江苏沿海地区该时段内土地利用转移关键路径。

综合以上分析可知,江苏沿海地区的土地利用转移关键路径主要是耕地、建设用地、水域、滩涂湿地等土地利用类型之间相互转化。与 1990—2000 年相比,2000—2010 年耕地转为建设用地、滩涂湿地转为水域等土地转移路径的流量均有所增加。

表 2-2　江苏沿海地区 1990—2010 年土地利用转移流结构表

1990	2000					
	耕地	林地	建设用地	水域	滩涂湿地	未利用地
耕地	—	0.80%	24.87%	26.47%	0.02%	0.73%
林地	0.03%	—	0.67%	0.01%	0	0
建设用地	3.87%	0.21%	—	3.34%	0.06%	0.13%
水域	10.00%	0.03%	2.55%	—	0.09%	0.08%
滩涂湿地	4.52%	0	3.16%	6.41%	—	6.70%
未利用地	3.64%	0	0.39%	1.21%	0.00	—
2000	2010					
	耕地	林地	建设用地	水域	滩涂湿地	未利用地
耕地	—	0.02%	28.67%	9.34%	0.01%	0.03%
林地	0.42%	—	0.51%	0.01%	0	0
建设用地	4.31%	0.18%	—	9.31%	0.22%	0.04%
水域	15.92%	0.01%	3.66%	—	0.41%	0.05%
滩涂湿地	1.97%	0	5.50%	10.26%	—	3.84%
未利用地	2.29%	0	0.42%	2.55%	0.01%	—

从江苏沿海三市来看,连云港、盐城和南通三个城市由于自然社会经济条件的差异,区域土地利用转移路径存在一定的差异。如表 2-3 所示,1990—2000 年连云港市土地利用转移流最大的转移路径是耕地转为建设用地,占土地利用转移流总量的 39.56%;其次是耕地转为水域,占土地利用转移流总量的 28.45%;再其次是建设用地转为水域与耕地、水域转为耕地,分别占土地利用转移流总量的 9.36%、5.55% 和 4.38%,以上五种土地利用转移路径对连云港土地利用变化的累计贡献率达到 87.30%,是连云港土地利用转移关键路径。2000—2010 年连云港的关键土地利用转移路径基本保持不变,主要是在耕地、建设用地、水域之间相互转化,区域土地利用转移流在不同转移路径之间的分布更为均衡。

1990—2000 年盐城市土地利用转移流最大的转移路径是耕地转为水域,占土

地利用转移流总量的 26.47%;其次为耕地转为建设用地、水域转为耕地、滩涂湿
地转为未利用地,分别占土地利用转移流总量的 17.43%、11.37% 和 10.36%;再
其次是滩涂湿地转为水域与耕地、未利用地转为耕地,分别占土地利用转移流总量
的 8.68%、6.36% 和 5.72%,以上七种土地利用转移路径对盐城土地利用变化的
累计贡献率达到 86.40%,是盐城土地利用转移关键路径。2000—2010 年盐城土地
利用转移关键路径有较大变动,滩涂湿地转为水域、水域转为耕地对区域土地利用转
移流的贡献率分别提高到 14.48% 和 19.26%,主要是由于盐城市沿海区域大面积滩
涂湿地围垦开发为养殖水面,同时经过长时间脱盐,大面积养殖水面被开发为耕地。

表 2-3 江苏沿海三市 1990—2010 年主要土地利用转移路径及其贡献率

区域	1990—2000 年		2000—2010 年	
	土地利用 转移路径	转移流 累计贡献率	土地利用 转移路径	转移流 累计贡献率
连云港	耕地转为建设用地	39.56%	耕地转为建设用地	35.90%
	耕地转为水域	68.01%	水域转为耕地	52.80%
	建设用地转为水域	77.38%	建设用地转为水域	68.85%
	建设用地转为耕地	82.93%	耕地转为水域	77.95%
	水域转为耕地	87.30%	水域转为建设用地	85.12%
盐城	耕地转为水域	26.47%	水域转为耕地	19.26%
	耕地转为建设用地	43.90%	耕地转为建设用地	37.49%
	水域转为耕地	55.27%	滩涂湿地转为水域	51.97%
	滩涂湿地转为未利用地	65.64%	耕地转为水域	62.62%
	滩涂湿地转为水域	74.32%	建设用地转为水域	72.68%
	滩涂湿地转为耕地	80.68%	未利用地转为水域	77.63%
	未利用地转为耕地	86.40%	未利用地转为耕地	81.98%
南通	耕地转为建设用地	33.68%	耕地转为建设用地	42.21%
	耕地转为水域	56.77%	滩涂湿地转为建设用地	54.51%
	水域转为耕地	70.07%	滩涂湿地转为水域	65.16%
	建设用地转为耕地	78.32%	水域转为耕地	73.86%
	滩涂湿地转为建设用地	85.52%	滩涂湿地转为未利用地	81.59%
	滩涂湿地转为水域	91.45%	耕地转为水域	88.64%

1990—2000 年南通市土地利用转移流最大的转移路径是耕地转为建设用地，占土地利用转移流总量的 33.68%；其次是耕地转为水域、水域转为耕地，分别占土地利用转移流总量的 23.09% 和 13.30%；再其次是建设用地转为耕地、滩涂湿地转为建设用地与水域，分别占土地利用转移流总量的 8.25%、7.21% 和 5.93%，以上六种土地利用转移路径对土地利用变化的累计贡献率达到 91.45%，是南通市土地利用转移关键路径。2000—2010 年南通市土地利用转移关键路径变动较为剧烈，滩涂湿地转为建设用地、水域、未利用地对区域土地利用变化的贡献率大幅增加到 12.30%、10.65% 和 7.72%，与前一时段相比，南通市 2000—2010 年滩涂围垦开发速度增快。

通过对比连云港、盐城、南通三市的土地利用转移关键路径，可以发现连云港市土地利用变化更多受到建设用地快速扩张的影响；盐城市土地利用变化受到建设用地快速扩张以及沿海滩涂围垦开发为耕地、养殖水面等农业用地的双重影响；而南通与连云港更为相似，耕地转为建设用地这一转移路径具有主导作用，但仍受到滩涂围垦开发为建设用地、养殖水面等一定程度的影响。

2.6 本章小结

本章考虑到土地利用变化的矢量属性，引入土地利用转移流这一概念对江苏沿海地区土地利用的时空动态特征进行分析。江苏沿海地区土地利用类型以耕地为主，同时拥有丰富的滩涂资源，沿海开发战略的实施，促使大量滩涂湿地转变为耕地、建设用地、水域等，成为土地供给的重要来源。为揭示江苏沿海地区土地利用变化的热点区域，本章从土地利用转移流、土地利用活跃度、土地利用转移路径等方面展开分析，主要研究成果如下：

1. 土地利用转移流分析

1990—2000 年江苏沿海地区土地利用转移流总量为 2 060.24 km²，土地利用转入流量和转出流量最多的土地利用类型分别是水域（37.44%）和耕地（52.89%）；2000—2010 年江苏沿海地区土地利用转移流总量为 3 000.26 km²，土地利用转入流量和转出流量最多的土地利用类型分别是建设用地（38.76%）和耕地（38.07%）。

2. 土地利用活跃度分析

江苏沿海地区土地利用综合活跃度从 1990—2000 年的 5.87% 提高到 2000—2010 年的 8.55%。从土地利用类型看，各土地利用类型活跃度的顺序为未利用地

>水域>建设用地>林地>滩涂湿地>耕地。从区域来看,由于沿海岸段类型和开发利用方式的差异性,江苏沿海三市各土地利用类型活跃度差异明显。连云港市各土地利用类型活跃度差异较小;盐城市大部分土地利用类型活跃度均较高;南通建设用地和未利用地活跃度较高。三市的土地利用综合活跃度的区域差异程度呈逐渐缩小的趋势。

3. 土地利用转移路径分析

江苏沿海地区的主要土地利用转移路径是耕地、建设用地、水域、滩涂湿地等土地利用类型之间的相互转化。连云港土地利用变化更多受到建设用地快速扩张的影响;盐城土地利用变化受到建设用地快速扩张以及沿海滩涂围垦开发为耕地、养殖水面等农业用地的双重影响;南通与连云港相似,耕地转为建设用地这一转移路径具有主导作用,但仍受到滩涂围垦开发为建设用地、养殖水面等一定程度的影响。

第3章 江苏沿海地区生态系统服务供给能力研究

3.1 江苏沿海地区主要生态系统服务

不同类型的生态系统,其主导的生态系统服务功能会具有明显差异。江苏沿海地区 3/4 以上区域的土地利用类型是耕地,因此,其主导生态系统类型为农田生态系统。农田生态系统是全球最重要的生态系统之一,与森林、草地、湿地等生态系统不同的是,其受到人类的干扰程度也最大。近年来,国内外对农田生态系统生态服务的关注日益增多,农田生态系统不再被看成是一个单纯的农产品生产系统,而是一个同时提供农产品和生态服务的多功能生态系统(谢高地 等,2013)。

现有关于农田生态系统服务的研究大多数采用千年生态系统评估分类框架,从供给、支持、调节、文化服务等方面构建生态系统服务价值的评估指标体系,主要集中于产品服务、大气调节、净化环境、土壤保持与养分循环等生态系统服务类型(张宏锋 等,2009;元媛 等,2011)。赵海珍等(2004)对拉萨河谷地区农田生态系统服务价值进行了评估,结果显示产品服务、固碳释氧、涵养水分、营养循环等生态系统服务分别占总价值的 45.57%、49.73%、0.73%、3.97%。杨志新等(2005)从农产品提供、调节大气成分、净化环境、维持养分循环等方面对农田生态系统服务价值进行评估,分别占总价值的 12.41%、39.48%、37.51%、1.27%。白杨等(2010)的研究表明海河流域农田生态系统生态服务价值以释氧、涵养水源、营养物质循环为主,分别占总价值的 40.40%、24.69% 和 14.04%。由于研究区域的差异,农田生态系统各项生态服务对生态系统的贡献率会有所差异,但是产品供给、大气调节等对农田生态系统总服务的累计贡献均超过 50%。

净初级生产力(NPP)是生态系统物质与能量流动的基础,也是估算地球支持能力和评价生态系统可持续发展的重要生态指标(冯险峰 等,2004),能综合反映生态系统的有机物质生产、大气调节、营养物质循环等多项生态服务。本文从净初级生产力角度,对江苏沿海地区生态系统服务供给能力时空格局进行研究,同时,本文仅考虑陆地生态系统净初级生产力,暂不考虑海洋生态系统。

3.2　NPP 估算模型与方法

植被净初级生产力(NPP)是绿色植物单位时间单位面积通过光合作用产生的有机物质总量扣除自养呼吸后的剩余部分(Lieth et al.,1975)。随着全球变化研究的不断深入,NPP 的估算研究成为陆地生态系统碳水循环模拟研究中的重要环节,同样也是 IGBP 研究计划中全球变化与陆地生态系统(GCTE)研究的核心内容之一(IGBP,1998)。

国内外关于净初级生产力的估算方法依据研究手段与原理不同可分为站点实测法和模型估算法两大类。站点实测法是基于地面的 NPP 定位观测,以点代面外推至区域及全球 NPP,包括收获法、光合作用测定法、CO_2测定法等。由于受到数据采集范围的限制,站点实测方法难以实现较大空间尺度的 NPP 估算,一般仅适用于较小尺度的研究范围(Goward et al.,1997)。模型估算法是利用已有气象观测数据、土地利用与土地覆被数据等,建立温度、降水等环境因子与净初级生产力之间的关系模型或模拟植被生理生态过程来估算 NPP,可分为气候生产力模型、光能利用率模型和生态系统过程模型(Fang et al.,2001)。

气候生产力模型又称统计模型,是最早用来估算区域植被生产力的方法。模型通过建立气候因子与 NPP 之间的统计关系进行估算,结构简单,估算参数少,但这类模型容易受到样本数据采集时间和覆盖范围的限制,应用于扩展区域时模拟结果的不确定性较大。代表性模型如 Miami 模型(Lieth,1973)、Thornthwaite Memorial 模型(Lieth,1972)、Chikugo 模型(Uchijima et al.,1985)以及我国学者发展的周广胜模型(周广胜 等,1995)。光能利用率模型又称为遥感数据驱动模型,是基于资源平衡观点,认为任何对植物生长起到限制性作用的资源均可用于 NPP 估算(Field et al.,1995),其模型参数可通过遥感技术获得全覆盖数据,适用于区域及全球尺度 NPP 估算(赵俊芳 等,2007)。代表性模型如 CASA(Potter et al.,1993)、GLO-PEM(Prince et al.,1995)等。生态系统过程模型是考虑生理生态和生物物理过程,揭示植被—环境之间相互作用机理的模型,模型参数较多且过程复杂。代表性的模型有 BEPS(Liu et al.,1997)、InTEC(Chen et al.,2000)及 LPJ(Sitch et al.,2003)等。根据上述模型特点及江苏沿海地区生态系统分布情况,本文选择 CASA 模型对 NPP 进行估算。

3.2.1 CASA 模型基本原理

CASA(Carnegie-Ames-Stanford Approach)模型是 Potter 等于 1993 年提出,用于模拟陆地植被净初级生产力的模型(Potter et al.,1993)。该模型中植被净初级生产力由植被所吸收的光合有效辐射(APAR)和光能利用率(ε)两个变量确定,具体计算公式如下:

$$NPP(x,t) = APAR(x,t) \times \varepsilon(x,t)$$

式中,t 表示时间;x 表示空间位置;$APAR$ 为植被吸收的光合有效辐射;ε 为光能利用率。

CASA 模型充分考虑了环境条件及植被本身特征对 NPP 估算的影响,模型参数相对较为简单,可以通过遥感数据直接获取,在区域及全球尺度的 NPP 估算中得到了广泛应用(朴世龙 等,2001;朱文泉 等,2007)。

3.2.2 模型参数的确定

1. 光合有效辐射(APAR)

植被吸收的光合有效辐射取决于太阳总辐射与植被本身特征(不同植被对光合有效辐射的吸收比例),计算公式如下:

$$APAR(x,t) = SOL(x,t) \times FPAR(x,t) \times 0.5$$

式中,$SOL(x,t)$ 表示 t 月份像元 x 处的太阳总辐射量(MJ/m^2),通常可通过太阳辐射站点实测值获取;常数 0.5 表示植被所能利用的太阳有效辐射(波长 0.38~0.76 μm)占太阳总辐射的比例。

$FPAR(x,t)$ 为像元 x 处的植被层对入射光合有效辐射的吸收比例。FPAR 主要由植被本身的特性决定,相关研究表明,FPAR 与归一化植被指数(NDVI)之间有着较好的相关关系(Ruimy et al.,1994;Goward et al.,1992),可通过如下公式表示:

$$FPAR(x,t) = \frac{NDVI(x,t) - NDVI_{i,\min}}{NDVI_{i,\max} - NDVI_{i,\min}} \times (FPAR_{\max} - FPAR_{\min}) + FPAR_{\min}$$

式中,$NDVI_{i,\min}$ 与 $NDVI_{i,\max}$ 分别表示第 i 种植被的最小和最大 $NDVI$ 值,通常不同类型植被的 $NDVI_{i,\min}$ 取固定值 0.023,$NDVI_{i,\max}$ 与植被类型有关,取值范围为 0.634~0.747。

此外,FPAR 与比值植被指数(SR)之间也存在较好的相关关系(Los et al.,1994;Field et al.,1995),可通过如下公式表示:

$$FPAR(x,t) = \frac{SR(x,t) - SR_{i,\min}}{SR_{i,\max} - SR_{i,\min}} \times (FPAR_{\max} - FPAR_{\min}) + FPAR_{\min}$$

式中，

$$SR(x,t) = \frac{1 + NDVI(x,t)}{1 - NDVI(x,t)}$$

$SR_{i,\min}$ 与 $SR_{i,\max}$ 分别表示第 i 种植被的最小和最大 SR 值，通常不同类型植被的 $SR_{i,\min}$ 取固定值 1.05，$SR_{i,\max}$ 与植被类型有关，取值范围 4.14～6.17。

朱文泉等（2006）利用中国区域 1989 年 1 月至 1993 年 12 月的 NOAA/AVHRR NDVI 数据及 2000 年的 SPOT-VGT 1km 土地利用覆被分类数据，对 22 种不同地类的 NDVI 和 SR 的最小值及最大值进行了计算，主要研究结论见表 3-1 所示。

表 3-1　中国各植被类型 NDVI 和 SR 的最大值和最小值

序号	植被类型	$NDVI_{\max}$	$NDVI_{\min}$	$SR_{\max}$	$SR_{\min}$
1	落叶针叶林	0.738	0.023	6.63	1.05
2	常绿针叶林	0.647	0.023	4.67	1.05
3	常绿阔叶林	0.676	0.023	5.17	1.05
4	落叶阔叶林	0.747	0.023	6.91	1.05
5	灌丛	0.636	0.023	4.49	1.05
6	疏林	0.636	0.023	4.49	1.05
7	海边湿地	0.634	0.023	4.46	1.05
8	高山、亚高山草甸	0.634	0.023	4.46	1.05
9	坡面草地	0.634	0.023	4.46	1.05
10	平原草地	0.634	0.023	4.46	1.05
11	荒漠草地	0.634	0.023	4.46	1.05
12	草甸	0.634	0.023	4.46	1.05
13	城市	0.634	0.023	4.46	1.05
14	河流	0.634	0.023	4.46	1.05
15	湖泊	0.634	0.023	4.46	1.05
16	沼泽	0.634	0.023	4.46	1.05
17	冰川	0.634	0.023	4.46	1.05

序号	植被类型	$NDVI_{max}$	$NDVI_{min}$	SR_{max}	SR_{min}
18	裸岩	0.634	0.023	4.46	1.05
19	砾石	0.634	0.023	4.46	1.05
20	荒漠	0.634	0.023	4.46	1.05
21	耕地	0.634	0.023	4.46	1.05
22	高山、亚高山草地	0.634	0.023	4.46	1.05

$FPAR_{min}$ 与 $FPAR_{max}$ 的取值与植被类型无关,分别为 0.001 和 0.95。

利用 NDVI 与 SR 分别估算 FPAR,研究发现,NDVI 估算的 FPAR 比实测值偏高,而 SR 估算的 FPAR 比实测值偏低,但其误差小于 NDVI 所估算的结果(朱文泉 等,2007;Los,1998)。基于此,Los 综合考虑 NDVI、SR 两种方法来计算 FPAR。计算公式如下:

$$FPAR(x,t) = \alpha FPAR_{NDVI} + (1-\alpha) FPAR_{SR}$$

式中,$FPAR_{NDVI}$ 与 $FPAR_{SR}$ 为根据 NDVI 和 SR 计算得到的 FPAR,α 为两种方法计算结果的调整系数,本文中 α 取值为 0.5。

2. 光能利用率(ε)

光能利用率是植物将所吸收的入射光合有效辐射(APAR)转化为有机碳的效率。现实条件下,光能利用率受到温度和水分等环境因素的影响,理想条件下,植被能获得最大的光能利用率,Potter 等(1993)将全球植被的月最大光能利用率设定为 0.389 gC/MJ。光能利用率计算公式如下:

$$\varepsilon(x,t) = T_1(x,t) \times T_2(x,t) \times W(x,t) \times \varepsilon^*$$

式中,$T_1(x,t)$、$T_2(x,t)$ 表示温度对光能利用率的影响;$W(x,t)$ 表示水分对光能利用率的影响,即水分胁迫系数;ε^* 表示理想状况下的最大光能利用率。

(1)温度胁迫

温度胁迫由胁迫系数 $T_1(x,t)$ 和 $T_2(x,t)$ 的乘积表示。

$T_1(x,t)$ 反映在低温和高温条件下,植物内在的生化作用对光合的限制(Potter et al.,1993;Field et al.,1995),用如下公式计算:

$$T_1(x,t) = 0.8 + 0.02 T_{opt}(x) - 0.000\,5 [T_{opt}(x)]^2$$

式中,$T_{opt}(x)$ 为区域内一年中 NDVI 值达到最高月份的平均温度;即最适宜温度;当某月平均温度不高于 -10 ℃时,$T_1(x,t)$ 取 0。

$T_2(x,t)$ 表示环境温度从最适宜温度向高温和低温变化时,植物的光能利用率逐渐变小的趋势(Potter et al. ，1993；Field et al. ，1995)，用如下公式计算：

$$T_2(x,t) = \frac{1.181\ 4}{\{1+e^{0.2[T_{opt}(x)-10-T(x,t)]}\} \times \{1+e^{[0.3(-T_{opt}(x)-10+T(x,t))]}\}}$$

当某月的平均温度 $T(x,t)$ 比最适宜温度高 10 ℃或低 13 ℃时，$T_2(x,t)$ 的值等于最适宜温度时 $T_2(x,T_{opt})$ 值的一半。

(2) 水分胁迫

水分胁迫系数 $W(x,t)$ 反映了植物所能利用的有效水分条件对光能利用率的影响。随着环境中有效水分的增加，$W(x,t)$ 逐渐增大，取值范围为 0.5(极端干旱条件下)到 1(非常湿润条件下)(朴世龙 等，2001)。计算公式如下：

$$W(x,t) = 0.5 + \frac{0.5AET(x,t)}{PET(x,t)}$$

式中，$AET(x,t)$ 为区域实际蒸散发(Actual Evapotranspiration,mm)；$PET(x,t)$ 为区域潜在蒸散发(Potential Evapotranspiration,mm)。

AET 可采用土壤水分子模型(Potter et al. ，1993)求算。PET 可利用 Thornthwaite 植被—气候关系模型(Thornthwaite,1948；Fang,1990)的计算方法求算。当月平均温度小于或等于 0 ℃时，认为 PET 和 AET 均为 0，且该月的 $W(x,t)$ 等于前一月的值 $W(x,t-1)$。Bouchet 提出二者存在以下互补关系(张志明，1990)：

$$E_{P0} + AET = 2PET$$

式中，E_{P0} 为局地潜在蒸散发，即当地气候条件下小块充分湿润地面的蒸散量(mm)。

周广胜、张新时等(1995)在建立植被净第一性生产力模型的过程中，根据能量平衡及水量平衡方程，利用三角形几何关系将降水、净辐射及蒸散发联系在一起，得到了区域实际蒸散发 AET 的计算公式：

$$AET = \frac{r \times R_n(r^2 + R_n^2 + r \times R_n)}{(r+R_n) \times (r^2 + R_n^2)}$$

式中，r 为降水量(mm)，可由气象站点数据获取；R_n 为地表净辐射量(mm)。

由于一般的气象观测站均不进行地表净辐射观测，计算地表净辐射需要的气象要素也很多，不易求取，可通过分析陆地表面所获得的净辐射与该地的潜在蒸散发和降水量的关系求解(周广胜 等，1996)。计算公式如下：

$$R_n = (E_{P0} \times r)^{0.5} \times [0.369 + 0.598 \times (E_{P0}/r)^{0.5}]$$

式中，局地潜在蒸散发(E_{P0})可采用张新时(1989)的 Thornthwaite 可能蒸散发计算与分类方法。该方法将可能蒸散发与月平均温度之间的关系采用下式表示：

$$E_{p0} = 16(10\ T_t/I)^a$$

其中，$a = (0.675\ I^3 - 77.1\ I^2 + 17\ 920I + 492\ 390) \times 10^{-6}$

$$I = \sum_{t=1}^{12} (T_t/5)^{1.514}$$

式中，T_t 为 t 月的平均温度；I 为 12 个月总和的热量指标；a 是因地而异的常数，为 I 的函数，这种函数关系仅在气温 0 ℃与 26.5 ℃之间有效。

Thornthwaite(1948)将在气温低于 0 ℃时的可能蒸散率设定为 0，在高于 26.5 ℃时，可能蒸散仅随温度增加而增加，与 I 值无关。计算所得的 E_{p0} 还需根据实际的日照时数与每月日数进行校正后，才能得到校正的可能蒸散值（APE）：

$$APE = E_{p0} \times CF$$

式中，CF 是按纬度的日照时数与每月日数的校正系数。

方精云等(1990)采用如下方法对校正系数进行确定：

$$CF^n = a \times L + b$$

式中，L 为像元的纬度值；n、a 和 b 为系数，各系数逐月设定情况见表 3-2 所示。

表 3-2　潜在蒸散发北半球逐月校正系数

月份	n	a	b
1	4.5	−0.018 2	1.176 3
2	8.0	−0.009 2	0.601 4
3	1.0	0.000 0	1.030 0
4	−7.0	−0.011 2	0.931 0
5	−3.5	−0.009 8	0.860 9
6	−2.5	−0.010 1	0.973 9
7	−2.5	−0.008 8	0.902 4
8	−4.2	−0.008 9	0.848 1
9	−48.0	−0.010 4	0.598 4
10	8.0	−0.016 0	1.339 6
11	5.0	−0.016 0	1.037 7
12	4.0	−0.018 6	1.165 4

（3）最大光能利用率

植被最大光能利用率是指植被在理想条件下对光合有效辐射的利用率，是植被本身的一种生理属性，其取值根据植被类型的不同而不同。部分学者针对植被最大光能利用率开展了广泛的研究，典型的研究成果包括：Potter 等（1993）将全球植被的月最大光能利用率设定为 0.389 gC/MJ；朱文泉等（2006）利用 NOAA/AVHRR 遥感数据、气象数据及中国 NPP 实测数据，采用最小二乘法对中国典型植被最大光能利用率进行了系统的模拟。本文采用朱文泉等关于中国典型植被最大光能利用率的研究结果（见表 3-3）。

表 3-3　中国典型植被类型的最大光能利用率

植被类型	最大光能利用率(gC/MJ)		
	最小值	最大值	模拟值
落叶针叶林	0.159	2.453	0.485
常绿针叶林	0.204	2.553	0.389
落叶阔叶林	0.256	2.521	0.692
常绿阔叶林	0.407	2.194	0.985
针阔混交林	0.242	0.740	0.475
常绿、落叶阔叶混交林	0.461	1.295	0.768
灌丛	—	—	0.429
草地	—	—	0.542
耕作植被	—	—	0.542
其他	—	—	0.542

3.2.3　模型输入数据

根据 CASA 模型的基本原理，模型运行需要的数据包括 NDVI 数据、气象数据（降水、气温、太阳辐射）、土地覆盖数据等。

1. NDVI

本文采用的 NDVI 数据为 16 d 合成的 2000—2010 年 MODIS MOD13Q1 产品，在 MODIS 数据中心下载（http://ladsweb.nascom.nasa.gov/data/）。MOD13Q1 为 250 m 分辨率的 L3 数据产品，研究区覆盖的图幅编号为 h27v05 和 h28v05。

MOD13Q1 产品的原始数据为正弦曲线投影（Sinusoidal Projection）、hdf 格式

的文件,利用 MODIS 数据重投影工具 MRT(MODIS Reprojection Tool)将同一时
期两景数据拼接并转化为 Albers 投影的 ENVI 标准格式文件。产品的时间分辨
率为 16 d,利用最大值合成法(MVC)将每月两期影像合成为月尺度 NDVI 数据,
获得江苏沿海地区 2000—2010 年逐月平均 NDVI 空间分布数据,如图 3-1 所示。

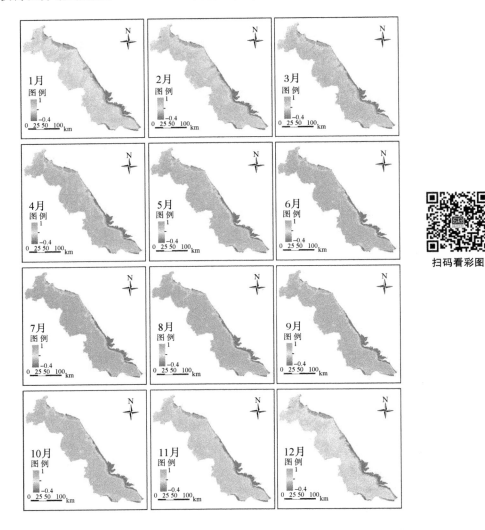

扫码看彩图

图 3-1 江苏沿海地区 2000—2010 年逐月平均 NDVI 空间分布图

　　由于受云层的影响,NDVI 数据在某些时段或区域会出现异常波动,本文采用
三次样条函数对数据进行平滑处理(Chen et al.,2006)。2001—2004 年 NDVI 数
据平滑处理结果见图 3-2 所示。由于江苏沿海地区通常在 6~7 月进入梅雨季

节,云层对 NDVI 数据影响较大,而 6～7 月通常为植被生长旺季,因此,是否对
NDVI 数据进行平滑处理将对 NPP 的估算结果产生较大影响。图 3-3 对比了
2003 年 6 月平滑前后的 NDVI 分布。

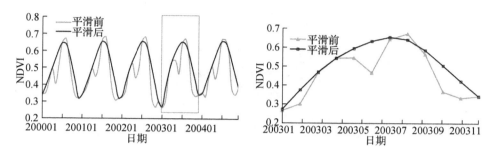

图 3-2　NDVI 数据平滑前后对比图

(左:2001—2004 年逐月 NDVI 数据平滑对比图　右:2003 年逐月 NDVI 数据平滑对比图)

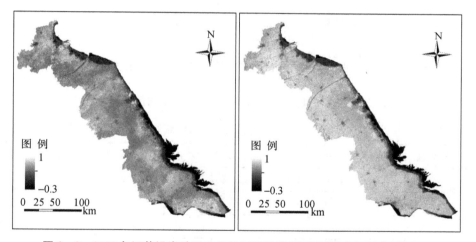

图 3-3　2003 年江苏沿海地区 6 月份 NDVI 数据平滑前(左)后(右)效果图

2. 气象数据

研究区气象数据包括江苏省、山东省及上海市的部分气象站点的月平均降雨
量、月平均气温、月平均地面水汽压、月总太阳辐射以及各站点的经度、纬度和海拔
高度等,时间为 2000—2010 年。数据来源于中国气象数据网(http://data.cma.
cn)。各气象站点基本情况及空间分布见图 3-4、表 3-4 所示。

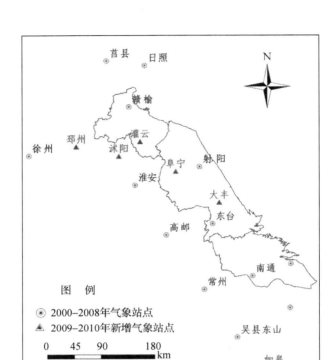

图 3-4　江苏沿海地区气象站点分布图

表 3-4　江苏沿海地区气象站点信息

序号	站码	站名	省份	经度/(°)	纬度/(°)	海拔/m	站点属性	采用数据时期
1	54936	莒县	山东	118.83	35.58	107.4	T、P、E、S、R	2000.1—2010.12
2	54945	日照	山东	119.53	35.43	36.9	T、P、E、S	2000.1—2010.12
3	58026	邳州	江苏	118.04	34.33	24.0	T、P、E、S	2009.1—2010.12
4	58027	徐州	江苏	117.15	34.28	41.2	T、P、E、S	2000.1—2010.12
5	58038	沭阳	江苏	118.80	34.10	8.8	T、P、E、S	2009.1—2010.12
6	58040	赣榆	江苏	119.12	34.83	3.3	T、P、E、S	2000.1—2010.12
7	58047	灌云	江苏	119.23	34.28	5.0	T、P、E、S	2009.1—2010.12
8	58141	淮安	江苏	119.02	33.63	14.4	T、P、E、S、R	2001.1—2010.12
9	58143	阜宁	江苏	119.80	33.75	3.1	T、P、E、S	2009.1—2010.12
10	58144	淮阴	江苏	119.03	33.60	17.5	T、P、E、S	2000.1—2001.12
10	58150	射阳	江苏	120.25	33.77	2.0	T、P、E、S	2000.1—2010.12

序号	站码	站名	省份	经度/(°)	纬度/(°)	海拔/m	站点属性	采用数据时期
11	58158	大丰	江苏	120.5	33.18	7.3	T、P、E、S	2009.1—2010.12
12	58241	高邮	江苏	119.45	32.80	5.4	T、P、E、S	2000.1—2010.12
13	58251	东台	江苏	120.32	32.87	4.3	T、P、E、S	2000.1—2010.12
14	58255	如皋	江苏	120.98	30.52	5.8	T、P、E、S	2009.1—2010.12
15	58259	南通	江苏	120.88	31.98	6.1	T、P、E、S	2000.1—2010.12
16	58265	吕四	江苏	121.60	32.07	5.5	T、P、E、S、R	2000.1—2010.12
17	58343	常州	江苏	119.98	31.88	4.4	T、P、E、S	2000.1—2010.12
18	58358	吴县东山	江苏	120.43	31.07	17.5	T、P、E、S	2000.1—2010.12
19	58362	宝山	上海	121.45	31.40	5.5	T、P、E、S、R	2000.1—2010.12

注:站点属性 T:温度,P:降水,E:地面水汽压,S:日照百分率,R:太阳辐射

气象站点数据(气温、降水)采用距离反比加权法(IDW)插值到每一个像元,为与
MODIS NDVI 产品空间信息匹配,插值采用 Albers 投影,空间分辨率为 250 m。
2000—2008 年有实测数据的站点为 13 个,2009—2010 年有实测数据的站点为 19
个。江苏沿海地区 2000—2010 年平均温度、降水空间分布情况见图 3-5 所示。

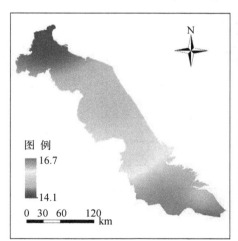
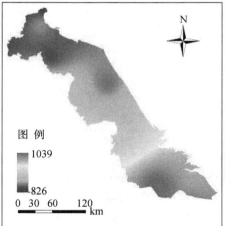

扫码看彩图

图 3-5　江苏沿海地区 2000—2010 年平均温度(左,℃)和降水(右,mm)分布图

由于研究区范围太阳辐射站点只有 5 个(莒县、淮安、吕四、宝山和南京站),站
点数太少,插值结果不能较好地反映太阳辐射的空间分布。本文采用张炳远

(1981)等提出的方法,利用地面水汽压、日照百分率等参数进行太阳辐射的换算,公式如下:

$$SOL(x,t) = Q_0 \times (a + bs)$$

式中,a、b 为常数,$a=0.248$,$b=0.752$;s 为日照百分率;Q_0 为最大晴天总辐射量($MJ/(m^2 \cdot d)$)。

张炯远等(1981)根据全国辐射站点的实测数据,利用回归分析方法建立了适应我国 $20°\sim50°N$ 范围的最大晴天太阳总辐射量的多元回归方程。计算如下:

$$Q_0 = 0.418\ 675 \times (C_0 + C_1 \times \varphi + C_2 \times H + C_3 \times e)$$

式中,φ 为地理纬度;H 为海拔高度(m);e 为地面水汽压(hPa);C_0、C_1、C_2、C_3 为回归系数,不同月份回归系数见表 3-5 所示:

表 3-5　求算我国最大晴天总辐射月总量的各月方程回归系数

月份	C_0	C_1	C_2	C_3
1	23 120.6	−354.568	0.427	−128.731
2	22 379.7	−279.973	0.405	−158.028
3	25 758.2	−222.744	0.513	−170.840
4	26 001.2	−137.346	0.469	−144.467
5	26 802.2	−63.730	0.472	−119.828
6	22 802.1	25.106	0.705	−45.246
7	22 397.1	26.478	0.876	−11.659
8	21 569.3	−31.205	1.037	22.191
9	23 208.5	−153.511	0.710	−28.131
10	28 193.4	−336.725	0.250	−163.196
11	23 275.5	−338.163	0.370	−92.329
12	22 878.7	−368.903	0.380	−109.287

利用上述 19 个气象站点的实测地面水汽压、日照百分率等进行太阳辐射计算,以 2001 年、2002 年、2005 年、2006 年、2009 年、2010 年的数据为样本,将计算结果与辐射站点的实测辐射值进行相关性分析,分析结果见图 3-6 所示。

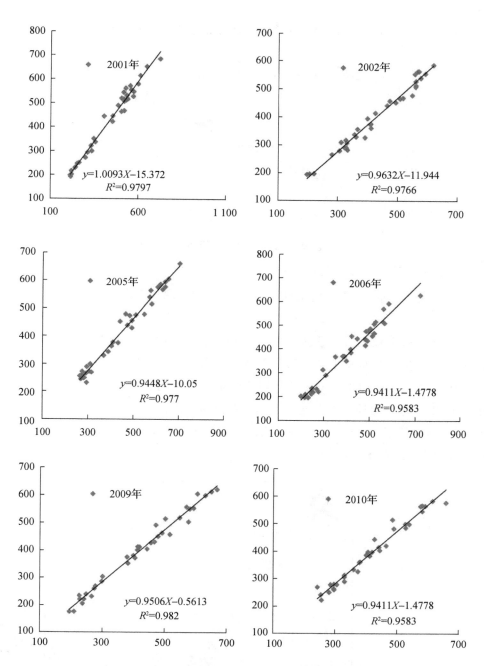

图 3－6　计算月辐射值(x 轴)与实测月辐射值(y 轴)逐年相关性分析

根据图 3－6,逐年计算辐射值与实测辐射值之间相关性非常显著,平均相关系数达到 0.973 9,对 6 年的样本值进行整体相关性分析,结果见图 3-7 所示。

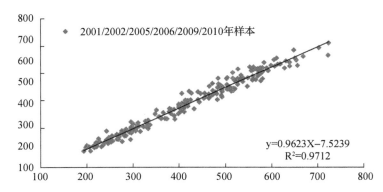

图 3-7　计算月辐射值(x 轴)与实测月辐射值(y 轴)多年相关性分析

计算辐射值与实测辐射值之间的多年相关性分析显示,二者相关系数为 0.971 2,相关性同样显著。对于计算辐射值,本文采取如下线性关系进行校正:

$$Y_{校正} = 0.962\ 3 \times X_{计算} - 7.523\ 9$$

式中,$Y_{校正}$ 为校正后气象站点的太阳辐射值,采用距离反比加权法(IDW)对研究区进行插值计算,插值栅格投影采用 Albers 投影,空间分辨率为 250 m。

江苏沿海地区 2000—2010 年平均太阳辐射量空间分布情况见图 3-8 所示。由图可知,江苏沿海地区年平均太阳辐射总体呈现由南向北、由西南向东北递增的趋势,总量处于 4 649～4 965 MJ/(m^2·a)之间。本文计算结果与相关研究(周扬 等,2010;买苗 等,2012)结论一致。

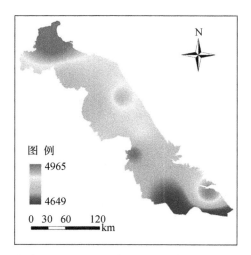

图 例

4965

4649

0　30　60　　120
km

扫码看彩图

图 3-8　江苏沿海地区 2000—2010 年平均太阳辐射(MJ·m^{-2}·a^{-1})分布图

3. 土地覆盖数据

本文利用的土地覆盖数据来源于 TM 影像的遥感解译。影像解译结果的空间分辨率为 30 m,为与 MODIS NDVI 产品、气象数据的投影和空间分辨率相匹配,将分类结果投影转换为 Albers 投影,并重采样为 250 m。

3.2.4　NPP 估算结果

利用 CASA 模型对江苏沿海地区 2000—2010 年 NPP 进行了计算,结果显示,近 10 年以来,NPP 均值变化区间为 574.34～661.72 gC/(m² · a)。

陈斌等(2007)利用 C2Fix 模型对中国陆地生态系统 NPP 进行模拟估算,结果显示 2003 年江苏沿海地区 NPP 平均值集中于 600～800 gC/(m² · a)之间。此外,王驷鸥(2012)利用 CASA 模型对江苏省各地级市净初级生产力进行了估算,研究结果显示江苏沿海城市 2000—2010 年 NPP 平均值在 551.23～700.18 gC/(m² · a)之间。与已有研究成果相比,本文估算结果处于合理范围。

3.3　江苏沿海地区生态系统服务供给时空格局研究

3.3.1　NPP 供给的时间变化趋势

根据 CASA 模型估算结果,江苏沿海地区 NPP 供给总量从 2000 年 21.95TgC 下降到 2010 年的 20.10TgC。研究时段内由于耕地面积呈减少趋势,对江苏沿海地区 NPP 供给总量的贡献率从 2000 年的 92.15% 下降到 90.08%,但耕地仍然是江苏沿海地区 NPP 供给的主要来源(图 3-9)。

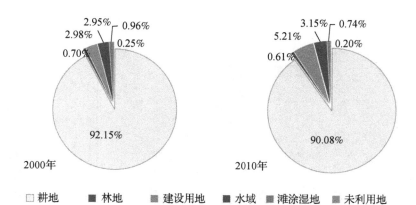

图 3-9　江苏沿海地区 2000 年和 2010 年各土地利用类型 NPP 供给总量结构图

本文通过计算单位土地面积 NPP 平均值来反映区域 NPP 的供给水平,以表征区域生态系统服务的供给状况。如图 3-10 所示,江苏沿海地区 2000—2010 年 NPP 供给水平年际变化区间为 574~661 gC/m²,年平均值为 620.40 gC/m²,呈现出波动变化、总体稳定的趋势特征,年平均变化率为 −0.69%。

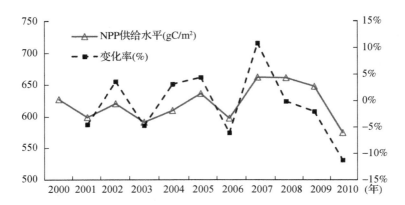

图 3-10　江苏沿海地区 2000—2010 年 NPP 供给水平变化趋势图

3.3.2　NPP 供给的空间分布格局

江苏沿海地区 2000—2010 年的 NPP 平均值见图 3-11 所示。以 200 gC/m² 为级距将江苏沿海地区 NPP 平均值划分为 5 个变化区间,如表 3-6 所示。江苏沿海地区 NPP 数值集中于 600~800 gC/m² 这一变化区间,占研究区总面积的比例接近 80%,主要分布在江苏沿海地区各县区耕地区域;NPP 数值在 800 gC/m²

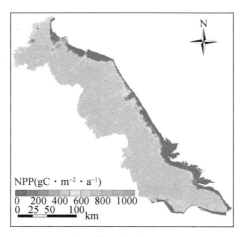

扫码看彩图

图 3-11　2000—2010 年江苏沿海地区 NPP 平均值的空间分布图

以上的区域面积为 164.38 km²，仅占研究区总面积的 0.47%，集中分布在连云港市新浦区和连云区的地势相对较高的林地区域；NPP 值在 200 gC/m² 以下的区域面积为 4498.75 km²，占研究区总面积的 12.86%，主要分布在沿海滩涂湿地以及养殖水域等区域。江苏沿海地区 NPP 均值分布较为集中，空间差异相对较小，沿海滩涂围垦地带 NPP 呈现出由海向陆逐渐增加的梯度分布格局。

表 3 - 6　2000—2010 年江苏沿海地区 NPP 平均值的统计特征

NPP 变化区间/gC·m⁻²	面积/km²	所占比例
<200	4 498.75	12.86%
200~400	1 002.31	2.86%
400~600	1 487.00	4.25%
600~800	27 841.63	79.56%
>800	164.38	0.47%

3.3.3　NPP 供给变化的空间差异

为揭示江苏沿海地区 NPP 供给的年际波动程度和变化趋势的空间差异，逐像元分别计算了 NPP 供给的变异系数（CV）和变化斜率（k）。

变异系数又称离散系数，是反映数据单位均值上的离散程度，可用于描述数据分布的相对波动程度，计算公式如下：

$$CV = \frac{S}{\overline{x}} = \frac{1}{\overline{x}} \times \sqrt{\frac{1}{n-1}\sum_{i=1}^{n}(x_i - \overline{x})^2}$$

式中，S 为标准差；$\overline{x}$ 为平均值。

通过逐像元计算 2000—2010 年 NPP 供给的变异系数，反映江苏沿海地区 NPP 供给年际波动程度的空间差异，计算结果显示（图 3 - 12、表 3 - 7）：江苏沿海地区 2000—2010 年 NPP 供给变异系数小于 0.1 的区域占研究区土地总面积的比例为 77.20%，表明研究区 NPP 供给整体年际波动程度小；NPP 供给变异系数超过 0.5 的区域占研究区土地总面积的比例为 6.11%，主要分布于沿海围垦区域以及连云港、南通中心城区范围；此外，NPP 供给变异系数在 0.1~0.2 之间的区域面积占土地总面积的 11.23%，主要分布在各县区建设用地区域。

江苏沿海地区 NPP 供给波动程度的空间分布特征与土地利用类型活跃度特征具有一定的相似性，波动较大区域主要分布在滩涂围垦区域以及城市区域。江苏沿海滩涂围垦区经历着滩涂湿地转变为未利用地和水域、未利用地转变为耕地等土地利用转移过程,而中心城区建设用地扩张速度较快,这些区域的土地利用变化较为活跃,NPP 供给也呈现出较大的波动程度。

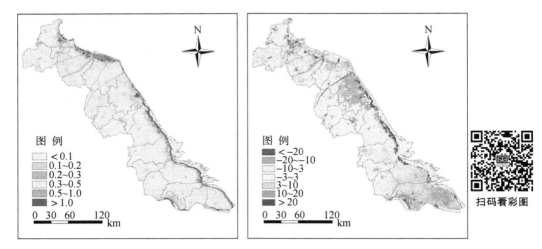

图 3-12　2000—2010 年江苏沿海地区 NPP 变异系数(左)和变化趋势(右)空间分布图

表 3-7　2000—2010 年江苏沿海地区 NPP 变异系数的统计特征

变化区间	面积/km²	所占比例
0<0.1	27 015.81	77.20%
0.1~0.2	3 928.63	11.23%
0.2~0.3	864.75	2.47%
0.3~0.5	1 045.94	2.99%
0.5~1.0	1 261.13	3.60%
>1.0	877.81	2.51%

为反映江苏沿海地区 2000—2010 年 NPP 变化趋势的空间差异,将每一个像元的 NPP 值进行时间序列的一元线性回归,获得 NPP 变化斜率(k),计算公式如下:

$$k = \frac{n \times \sum\limits_{j=1}^{n} j \times \overline{NPP_j} - \sum\limits_{j=1}^{n} j \sum\limits_{j=1}^{n} \overline{NPP_j}}{n \times \sum\limits_{j=1}^{n} j^2 - \left(\sum\limits_{j=1}^{n} j\right)^2}$$

式中,n 为研究时段的年数;$\overline{NPP_j}$ 为第 j 年 NPP 平均值;k 为变化趋势线的斜率,若 $k>0$,说明 NPP 在 n 年间呈增加趋势;若 $k<0$,说明 NPP 在 n 年间呈减

少趋势。

通过计算江苏沿海地区 2000—2010 年 NPP 的变化趋势 k 值,并根据 k 值的变化范围划分出显著减少、中度减少等 7 个变化区间。由图 3 - 12、表 3 - 8 可知,江苏沿海地区的 NPP 变化斜率在 $-3\sim3$ 之间的面积为 13 939.75 km²,占研究区总面积的 39.83%,主要分布在沿海滩涂湿地区域,由于受到人为干扰程度较小,该区域 NPP 基本保持不变;NPP 显著减少区域的面积为 740.13 km²,仅占研究区总面积的 1.33%,集中分布在滨海县扁担河口以南至如东县的沿海滩涂湿地围垦区,以及连云港市新浦区建设用地区域,主要原因为城市用地扩张对耕地占用以及沿海滩涂围垦开发为工业用地、养殖水面;NPP 显著增加区域的面积为 466.13 km²,仅占研究区总面积的 1.33%,零星分布在大丰区沿海围垦区域以及南通市所辖崇川区、港闸区等地。从地市级尺度上看,南通市 NPP 供给整体呈增加趋势,盐城市 NPP 供给整体呈减少趋势,连云港 NPP 供给整体保持不变。

表 3 - 8　2000—2010 年江苏沿海地区 NPP 变化趋势的统计特征

NPP 变化斜率	变化程度等级	面积/km²	所占比例
<-20	显著减少	740.13	2.12%
$-20\sim-10$	中度减少	3 126.44	8.93%
$-10\sim-3$	轻度减少	9 514.75	27.19%
$-3\sim3$	基本不变	13 939.75	39.83%
$3\sim10$	轻度增加	5 961.06	17.03%
$10\sim20$	中度增加	1 245.81	3.56%
>20	显著增加	466.13	1.33%

3.4　江苏沿海地区生态系统服务供给的影响因素研究

3.4.1　NPP 供给与气候因子的关系

气候条件对植被 NPP 分布具有重要影响。已有研究表明,在部分区域升高温度和增加降水通常会促进植物生长,从而导致 NPP 增加(Anderson-Teixeira et al.,2011;Wu et al.,2011),但也有很多研究文献数据反映出不同模型对不同地区模拟的 NPP 与气候因素的关系不相一致(王琳 等,2010;丁庆福 等,2013),还存在研究时空尺度的差异性。从全国尺度来看,朱文泉等(2007)对 1982—1999 年中国陆地植被 NPP 与温度、降水、光照等气候因子的关系进行系统分析。陈福军等

(2011)对中国1981—2008年NPP变化与气温、降水等气候因子的关系进行相关分析,研究发现大部分地区气温对NPP起促进作用,但降水对NPP的影响具有明显区域差异,年均气温相对较低区域,降水反而会制约植被光合作用,与NPP呈负相关,而干燥区域降水成为植被水分补给的来源,与NPP呈正相关。从区域尺度来看,罗玲等(2009)基于像元相关分析方法对吉林省西部草地NPP与气温、降水量的关系进行了分析,研究区大部分区域草地NPP与气温的相关性不显著,而与降水量呈正相关,表明降水是该区域的重要胁迫条件。毛德华等(2012)对我国东北地区1982—2010年植被NPP变化驱动因子进行分析,研究结果表明NPP与气温的相关性不显著,而与降水量的相关性具有明显空间差异。

江苏沿海地区处于秦岭—淮河南北分界地带,受到季风控制,属于暖温带和北亚热带过渡区域,气温、降水等气候因子在此地区表现出一定的地带性分布规律。本文根据气象站点数据,利用ArcGIS的插值功能,获得2000—2010年江苏沿海地区年平均气温和年降水的空间分布图。分别对NPP供给与气温和降水进行逐像元相关分析,计算NPP与年平均气温和年降水量的Pearson相关系数(r_{xy}),以反映NPP供给水平与气候因子之间关系的空间特征(图3-13),计算公式如下:

$$r_{xy} = \frac{\sum_{i=1}^{n}(x_i - \overline{x})(y_i - \overline{y})}{\sqrt{\sum_{i=1}^{n}(x_i - \overline{x})^2}\sqrt{\sum_{i=1}^{n}(y_i - \overline{y})^2}}$$

式中,x_i为第i年NPP值;$\overline{x}$为研究时段内NPP的平均值;y_i为第i年的气温或降水值;$\overline{y}$为研究时段内气温或降水的平均值。

根据相关系数检验临界值表,在一定置信水平下,对相关系数的显著性进行检验。

根据相关系数R值,将NPP供给水平与气候因子之间的关系划分为显著正(负)相关($P<0.1$)、弱正(负)相关、相关不明显等五种类型。

从气温因子来看,江苏沿海地区NPP供给与年平均气温的相关系数在$-0.15\sim0.15$之间的区域超过研究区土地总面积的50%(表3-9),总体上相关性不明显。地市级尺度上,连云港市和南通市局部区域NPP供给与年平均气温呈现一定的正相关关系,而盐城市局部区域NPP供给与年平均气温呈现负相关关系。

从降水因子来看,江苏沿海地区NPP供给与年降水量的关系呈现较为明显的南北差异的空间特征。南通市NPP供给与年降水量整体呈负相关,连云港市NPP

供给与年降水量整体呈正相关,盐城市 NPP 供给与年降水量呈弱相关或相关不明显,表现出过渡性地带特征。主要原因是:南通市农田灌溉率较高,降水对于农作物生长的限制作用较小,甚至由于降水量过大导致区域植被接收日长时数减少,影响作物进行光合作用,从而导致 NPP 减少;连云港市耕地类型以旱地为主,降水是作物生长所需水分的主要来源,因此降水减少会导致 NPP 减少。

表 3‐9 2000—2010 年江苏沿海地区 NPP 与气候因子相关性分析

r 变化区间	相关性类型	年平均气温		年降水量	
		栅格数量/个	所占比例	栅格数量/个	所占比例
＞0.52	显著正相关	8375	1.50%	14 087	2.52%
0.15～0.52	弱正相关	167 500	29.92%	215 887	38.56%
−0.15～0.15	相关不明显	290 479	51.88%	208 831	37.30%
−0.52～−0.15	弱负相关	89 267	15.94%	114 852	20.51%
＜−0.52	显著负相关	4 284	0.77%	6 248	1.12%

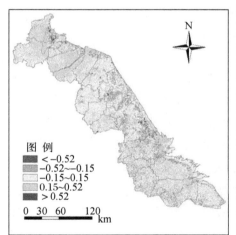
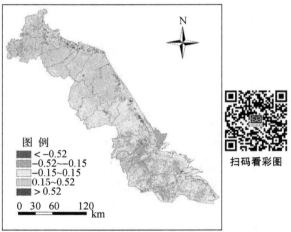

扫码看彩图

图 3‐13 2000—2010 年江苏沿海地区 NPP 与气温(左)和降水(右)相关性空间分布图

3.4.2 土地利用变化对 NPP 供给的影响

不同土地利用类型的 NPP 具有明显差异,土地利用变化通过改变土地覆被类型从而影响 NPP 的时空格局。本文估算得到江苏沿海地区各土地利用类型 NPP 供给水平中林地最高,其次是耕地,未利用地和水域的 NPP 供给水平相对较低,因此不同土地利用类型之间的相互转化会对 NPP 变化产生影响。根据前文中土地利用转移流分析结果可知,2000—2010 年江苏沿海地区的土地利用转移关键路径是耕地转为建设用地、水域转为耕地、滩涂湿地转为水域、耕地转为水域、建设用地转为水域、滩涂湿地转为建设用地,对江苏沿海地区土地利用变化的累计贡献率达到 79.01%。因此本文重点分析江苏沿海地区土地利用转移关键路径对 NPP 的影响,从建设用地扩展、农业种养结构调整、沿海滩涂围垦等三个方面展开分析。

1. 建设用地扩展的 NPP 供给变化响应

由表 3-10、表 3-11、表 3-12 所示,2000—2010 年江苏沿海地区在建设用地扩展过程中,占用耕地面积 860.17 hm²,导致 NPP 总量减少 120.23 MgC。

2. 农业种养结构调整的 NPP 供给变化响应

江苏沿海地区水域用地由河流湖泊水面和养殖水面两大部分组成,研究时段内耕地与水域用地之间相互转化主要由于农业用地结构调整,农田开挖为养殖水面或是养殖水面整理为农田。2000—2010 年江苏沿海地区耕地转化为水域的面积为 280.19 hm²,导致 NPP 总量减少 23.53 MgC,单位 NPP 减少 83.99 gC/m²;水域转化为耕地的面积为 477.63 hm²,导致 NPP 总量增加 24.39 MgC,单位 NPP 增加 51.06 gC/m²。耕地和水域在相互转化过程中,对于 NPP 总量变化的影响程度基本相互抵消。

3. 沿海滩涂围垦的 NPP 供给变化响应

江苏沿海地区大规模的滩涂围垦活动,使得原有滩涂湿地转变为耕地、建设用地或养殖用地,导致 NPP 呈现不同的变化趋势。在沿海滩涂围垦开发过程中,由于围垦初期土地一般不适宜直接进行农作物种植,而是先通过种植耐盐植被进行脱盐或是用作养殖用地,因此从土地类型转换上来看,滩涂湿地更多的是转化为水域和未利用地。如表 3-11、表 3-12 所示,2000—2010 年江苏沿海地区滩涂湿地转为水域的面积为 307.94 hm²,导致 NPP 总量减少 23.18 MgC;滩涂湿地转为未利用地的面积为 115.33 hm²,导致 NPP 总量增加 21.05 MgC,这说明滩涂湿地开发为农业种植用地的过程中,对 NPP 变化产生正向影响。

另外,由表 3-10 所示,江苏沿海地区 75% 以上面积(26 340.24 hm²)的耕地在 2000—2010 年间保持不变。在耕地保持不变区域 NPP 总量减少 1 758.33 MgC,对区域 NPP 供给总量变化的贡献率达到 95.08%,说明耕地与其他用地类型相互转化不是耕地 NPP 减少的主要原因。

表 3-10　2000—2010 年江苏沿海地区土地利用转移矩阵表　　　　单位：hm²

2000	2010						
	耕地	林地	建设用地	水域	滩涂湿地	未利用地	合计
耕地	26 340.24	0.58	860.17	280.19	0.40	0.98	27 482.55
林地	12.72	109.69	15.42	0.26	0.00	0.00	138.09
建设用地	129.45	5.44	1 372.30	279.39	6.65	1.25	1 794.48
水域	477.63	0.23	109.67	1 350.99	12.40	1.46	1 952.38
滩涂湿地	59.18	0.00	165.16	307.94	2 924.97	115.33	3 572.59
未利用地	68.74	0.00	12.54	76.65	0.42	0.71	159.07
合计	27 087.96	115.93	2 535.26	2 295.42	2 944.83	119.74	35 099.15

表 3-11　2000—2010 年江苏沿海地区土地利用变化对应 NPP 总量变化表　　单位：MgC

2000	2010						
	耕地	林地	建设用地	水域	滩涂湿地	未利用地	合计
耕地	−1 758.33	−0.04	−120.23	−23.53	0.01	0.01	−1 902.10
林地	−0.92	−13.69	−2.80	−0.06	0.00	0.00	−17.47
建设用地	3.80	−0.14	−30.47	0.16	−0.13	0.12	−26.66
水域	24.39	0.06	5.23	−5.23	−0.20	0.04	24.28
滩涂湿地	2.76	0.00	3.71	−23.18	64.25	21.05	68.58
未利用地	6.64	0.00	−0.15	−2.54	−0.03	0.04	3.97
合计	−1 721.66	−13.82	−144.69	−54.38	63.90	21.26	−1849.40

表 3-12　2000—2010 年江苏沿海地区土地利用变化对应单位面积 NPP 变化表

单位：gC·m⁻²

2000	2010						
	耕地	林地	建设用地	水域	滩涂湿地	未利用地	合计
耕地	−66.75	−65.30	−139.77	−83.99	37.38	8.35	−69.21
林地	−72.14	−124.84	−181.35	−240.43	0.00	0.00	−126.52
建设用地	29.35	−26.65	−22.21	0.59	−19.73	99.20	−14.86
水域	51.06	253.78	47.73	−3.87	−16.29	24.79	12.44
滩涂湿地	46.61	0.00	22.49	−75.28	21.96	182.48	19.20

2000	2010						
	耕地	林地	建设用地	水域	滩涂湿地	未利用地	合计
未利用地	96.57	0.00	−11.72	−33.12	−65.10	60.81	24.94
合计	−63.56	−119.20	−57.07	−23.69	21.70	177.52	−52.69

考虑到 CASA 模型估算得到的 NPP 数值是对气候条件与土地利用、土地覆被等因素综合影响的反映,因此要定量评估由于土地利用变化造成 NPP 变化的影响程度,必须要剔除气候等环境因素的影响,对此国内外已有学者进行了相关研究。Hicke 等(2004)提出区分气候变化和土地利用变化对农田 NPP 的影响量和贡献率的计算方法。李传华等(2013)基于栅格 NPP 的变异系数与气候因子变异系数之间的关系,构建 NPP 变化人为影响模型,以人为影响系数定量化表征人为因素对 NPP 变化的影响程度。本文为进一步定量分析土地利用变化对 NPP 供给变化的影响程度,在借鉴 Hicke 的计算模型的基础上,分别计算土地利用变化对各土地利用类型 NPP 供给的影响量和贡献率。研究时段内 NPP 供给总量变化值的计算方法可以表达为:

$$\Delta P = A_2 \times NPP_2 - A_1 \times NPP_1$$

式中,NPP_1、NPP_2 分别是研究初期和研究末期土地利用类型 NPP 供给水平;A_1、A_2 分别是研究初期和研究末期土地利用类型面积;ΔP 是研究时段内土地利用类型 NPP 供给总量变化值。

因为 $\Delta NPP = NPP_2 - NPP_1$,$\Delta A = A_2 - A_1$,将此关系代入后,上述公式可以变化为:

$$\Delta P = \Delta A \times NPP_1 + \Delta NPP \times A_1 + \Delta A \times \Delta NPP$$

上述公式将土地利用类型 NPP 供给总量变化分解为气候变化对 NPP 总量的影响量($\Delta NPP \times A_1$)、土地利用变化对 NPP 总量的影响量($\Delta A \times NPP_1$)以及气候与土地利用共同作用下对 NPP 总量的影响量($\Delta A \times \Delta NPP$),其中气候变化和土地利用变化对 NPP 供给总量的贡献率分别为:

$$R_{land} = \frac{|\Delta A \times NPP_1|}{|\Delta NPP \times A_1| + |\Delta A \times NPP_1| + |\Delta A \times \Delta NPP|} \times 100\%$$

$$R_{climate} = \frac{|\Delta NPP \times A_1|}{|\Delta NPP \times A_1| + |\Delta A \times NPP_1| + |\Delta A \times \Delta NPP|} \times 100\%$$

根据上述公式分别计算土地利用变化和气候变化对各土地利用类型 NPP 变

化的影响量和贡献率。计算结果显示(表3-13),2000—2010年江苏沿海地区
NPP供给变化由气候变化主导的土地利用类型为耕地,气候对NPP变化的贡献
率为85.57%。未利用地、建设用地NPP供给变化由土地利用变化所主导,贡献率
分别为99.06%、67.90%。

表3-13 江苏沿海地区土地利用变化和气候变化对NPP变化的影响量和贡献率

土地利用 类型	土地利用变化		气候变化		两者共同作用	
	影响量/Tg	贡献率	影响量/Tg	贡献率	影响量/Tg	贡献率
耕地	−0.286	13.22%	−1.850	85.57%	0.026	1.21%
林地	−0.026	72.42%	−0.008	23.64%	0.001	3.94%
建设用地	0.265	67.90%	0.089	22.83%	0.036	9.27%
水域	0.116	47.19%	−0.110	44.76%	−0.020	8.06%
滩涂湿地	−0.038	51.32%	−0.030	41.32%	0.005	7.37%
未利用地	−0.014	99.06%	0.000	0.75%	0.000	0.19%

综上所述,江苏沿海地区土地利用变化对区域NPP供给的影响主要体现在建
设用地扩展、农业种养结构调整和沿海滩涂围垦等土地利用转移方式。通过剔除
气候变化对NPP供给的影响,发现江苏沿海地区土地利用变化对耕地NPP供给
变化影响的贡献率最低,对未利用地供给变化影响的贡献率最高。

3.5 本章小结

本章从净初级生产力角度,运用CASA模型定量评估2000—2010年江苏沿海
地区生态系统服务供给能力,分析区域生态系统服务供给的时空格局及其演变过
程,并通过分析气候条件和土地利用变化的NPP变化响应,对区域生态系统服务
供给的影响因素进行了研究,主要研究结果如下:

1. NPP供给水平时空格局

2000—2010年江苏沿海地区NPP供给总量从2000年21.95 TgC下降到
2010年的20.10 TgC,NPP供给水平年际变化区间为574~661 gC/m²,年平均值
为620.40 gC/m²,约80%的区域NPP供给水平在600~800 gC/m²变化范围内,
NPP供给呈现出波动变化、总体稳定的趋势特征。NPP供给水平在200 gC/m²以
下的区域主要分布在沿海滩涂湿地以及养殖水域等地,NPP总体呈现出由海向陆
逐渐增加的分布格局。

逐像元计算 NPP 变异系数结果表明,江苏沿海地区有 77% 以上区域的 NPP 供给变异系数小于 0.1,NPP 波动程度较小;波动程度最大的区域主要分布于沿海岸线地带以及连云港、南通等城区范围。NPP 供给波动程度的空间分布区域与土地利用类型活跃度的空间分布区域具有一致性。

2. 区域生态系统服务供给的影响因素

对 NPP 供给与气温、降水进行逐像元相关分析的结果表明:江苏沿海地区 NPP 与年平均气温的相关性不明显;与年降水量的关系呈明显南北分异,表现出过渡性地带特征。在较短时间尺度上降水对 NPP 供给影响的空间差异比气温相对要大。

土地利用变化上,江苏沿海地区表现为总体稳定、局部差异明显的特征。土地利用变化对区域 NPP 供给的影响具体体现在建设用地扩展、农业种养结构调整和沿海滩涂围垦等土地利用转移方式。气候和土地利用对不同土地利用类型 NPP 变化的影响贡献率具有明显差异。

第4章　江苏沿海地区生态系统服务消耗研究

4.1　生态系统服务消耗估算的基本原理与方法

4.1.1　生态系统服务消耗内涵的界定

生态系统服务消耗,在很多文献中又被称为"消费",是指人类生产和生活过程中对生态系统服务的利用或占用(谢高地 等,2008)。本文用净初级生产力这一指标来表征区域生态系统服务供给,为分析区域生态系统服务供给与消耗之间的关系,必须统一核算标准,本文用净初级生产力的人类占用来表征区域生态系统服务消耗。不同学者对于净初级生产力的人类占用的定义范围和研究角度不同,因此其计算方法也存在较大差异。Vitousek 等(1986)最早提出净初级生产力的人类占用概念,并将其估算范围分为低、中、高三个层次:低估算范围是指人类和牲畜直接消费生物资源 NPP,具体包括人类对于食物、燃料、纤维和木材等消耗所导致的 NPP 占用量;中估算范围在低估算范围的基础上,还包括土地变化过程中对 NPP 的占用;高估算范围则进一步考虑了人类活动所引起的 NPP 损耗量,如由于环境污染引起的森林退化、土壤侵蚀引起的农田生产力降低等。随后 Wright(1990)、Haberl(1997)又对此定义作了进一步延伸。Imhoff 等(2004)从消费的角度对此进行了估算,根据全球不同国家人类消费的植物性食物、肉、牛奶、建筑及燃料用木材、纸张以及纤维等估算出消耗的总生物量,并为净初级生产力的人类占用估算提供了新的途径,但该方法未考虑土地转变过程中损耗的 NPP。Haberl 等(2007)对净初级生产力的人类占用的定义进行了明确的界定,认为人类对于净初级生产力的占用由两部分构成:一部分是人类收获食物、木材等所占用 NPP,称为人类收获占用 NPP;另一部分是土地利用变化所占用 NPP,该部分通过计算潜在 NPP 和实际 NPP 之间的差额来确定,并将二者之和定义为 HANPP(Human Appropriation of Net Primary Production)。在此基础上,O'Neill 等(2007)对人类收获占用的 NPP 作出了三种不同的范围界定:第一种是指人类收获过程中直接利用的部分,称为"商品化"收获;第二种不仅包括人类直接占用的部分,还包括人类收获过程中残余物部分(如谷类作物的秸秆)以及地下作物的地上植物部分(如马铃薯的叶子),称为"地上"收获;第三种是指包括所有地上和地下收获,相较于"地上"收获而言,还包括地下根系部分,称为"全部"收获。

本文研究的生态系统服务消耗主要是指人类收获食物、木材等所占用生物量,不考虑土地利用变化占用的生物量。江苏沿海地区 3/4 以上的土地利用类型为耕地,从生态系统类型来看属于较为典型的农田生态系统,区域生态系统服务消耗主要是来自农作物收获占用的生物量。因此,本文将生态系统服务消耗界定为人类在农作物收获过程中所占用的生物量,具体包括作物地上产出部分生物量(作物经济产量)及其残余物部分生物量,地下产出部分生物量及其地上残余物部分生物量,但不包括地下根系部分。

4.1.2 生态系统服务消耗估算模型

江苏沿海地区生态系统服务消耗主要来自农作物收获占用的生物量,本文用 NPP_h 表示。农作物包括稻谷、小麦等粮食作物,花生、油菜籽等油料作物,棉花、黄红麻等纤维作物,甘蔗等糖料作物,以及蔬菜瓜果等其他经济作物。NPP_h 估算一般参照 Lobell 等(2002)提出的估算方法,以县为统计分析单元,利用作物产量数据,通过确定各类作物的含水率、收获指数、含碳系数等参数,进而对农作物收获占用的生物量进行估算。Lobell 等以美国农田为研究对象,一方面国外与国内作物情况存在差异,另一方面,其使用该方法时对于不同类型作物以及作物不同组成部分的含碳系数没有作区分,而是采用同一系数值,因此采用该方法进行我国农作物收获占用的生物量估算时,会对估算结果产生一定的影响。Huang 等(2007)将农田 NPP 分为地上产出、地上残余物、地下根系三部分,并对 1950—1999 年中国农田的 NPP 进行了估算。本文在参考 Huang 等利用作物产量数据估算农田 NPP 的基础上,结合本文对于生态系统服务消耗的界定,建立江苏沿海地区生态系统服务消耗估算模型——CNPP 模型(Consumption of Net Primary Production Model),计算公式如下:

$$NPP_h = C_y + C_r \times (1 - R_s)$$

$$C_y = \sum_{i=1}^{n} Y_i \times F_{id} \times F_{icy}$$

$$C_r = \sum_{i=1}^{n} Y_i \times F_{id} \times R_{try} \times F_{icr}$$

式中：NPP_h 是农作物收获占用 NPP 总量；C_y 是地上产出 NPP 总量；C_r 是地上残余物 NPP 总量；R_s 是秸秆还田率；Y_i 是第 i 种作物的经济产量；F_{id} 是第 i 种作物的干物质比重；F_{icy}、F_{icr} 分别是第 i 种作物经济产量含碳比重、残余物含碳比重；R_{iry} 是第 i 种作物秸秆系数；n 是作物种类数量。

公式中涉及的相关参数主要是参考国内外已有研究成果和研究区实际情况，具体确定过程见 4.1.3 节。

4.1.3　生态系统服务消耗估算参数的确定

1. 秸秆系数（R_{iry}）

作物收获指数是指作物经济产量与地上生物总量之间的比值，又称为经济系数。秸秆系数是指作物秸秆产量与经济产量之间的比值，这是估算作物秸秆产量的重要参数，可以根据作物收获指数换算得到（秸秆系数＝1/收获指数－1）。国内以往对农作物秸秆资源的研究，大多将秸秆系数称为"草谷比"，由于农作物不仅包括禾谷类作物还包括非禾谷类作物，因此，采用"秸秆系数"一词更为准确。对于以籽实、瓜果等为收获对象的农作物，秸秆产量等于地上生物量减去其经济产量；对于马铃薯、甘薯、甜菜、花生等以地下根茎为收获对象的农作物，秸秆产量等于地上部分的全部生物量。张福春等（1990）是较早对大田作物收获指数进行系统研究的国内学者，他们通过利用 300 个农业气象试验站的实测资料，对 1981—1984 年我国主要作物的收获情况进行统计分析，分别计算收获指数、草谷比等作物重要参数，研究结果表明不同类型作物的收获指数差别较大，同一作物的收获指数和草谷比的变动范围亦较大。毕于运等（2009）在参考国内已有研究成果基础上对秸秆资源数量的估算参数草谷比进行订正，全面系统地估算了我国秸秆资源数量。谢光辉等（2011a；2001b）在总结 2006—2010 年已发表田间试验研究成果的基础上，确定我国大陆地区主要省份各类大田作物的收获指数和秸秆系数，研究发现我国作物的收获指数有明显的提高，但进一步上升的空间有限。王晓玉等（2012）根据 2006—2011 年已发表的秸秆系数的实测值，运用数学模拟取值法、相同或相似地区平均取值法等确定我国各省市自治区各类大田作物的秸秆系数，将谢光辉等的秸秆系数研究结果进一步完善。对比分析国内外关于农作物秸秆系数的取值，可以发现，Lobell 等（2002）的秸秆系数取值在不同农作物之间差异较小，且涉及农作物种类较少，这与国内外农作物差异性有关。张福春等由于采用的实测数据资料年代较为早期，绝大多数农作物秸秆系数的取值相对偏高，且计算结果反映的是全国范围平均水平，无法体现农作物秸秆系数的地区差异性。谢光辉、王晓玉等所整理的秸秆系数取值基本都细化到省级单元,小麦、稻谷、大豆、油菜籽、棉花等江苏沿海地区最主要的农作物的秸秆系数取值均细化到江苏省,与本研究区域的实际情况更为接近,因此本文秸秆系数取值主要参照该研究成果(表4-1)。另外,蔬菜瓜果等的秸秆系数取值由于相关研究较少,按照同类作物取值法,参照甜菜确定其秸秆系数取值。

表4-1 主要农作物秸秆系数取值的文献研究成果整理

农作物种类	张福春等	毕于运等	谢光辉等	Lobell 等	本文取值(R_{iry})
小麦	1.770	1.1	**1.38**	1.5	**1.38**
大麦	1.563	—	1.04	1.5	1.04
蚕豌豆	1.277(1.067)	2.0	—	—	1.17 *
稻谷	1.323	0.9	**1.04**	1.5	**1.04**
玉米	1.311	1.2	1.00	1.2	1.00
大豆	1.295	1.6	**1.38**	1.5	**1.38**
薯类	—	0.5	0.53	1.0	0.53
花生	1.348	0.8	1.26	1.5	1.26
油菜籽	2.985	1.5	**2.85**	—	**2.85**
芝麻	5.882	2.2	2.01	—	2.01
棉花	1.613	3.4	**2.61 * ***	1.5	**2.61**
甘蔗	—	0.06	0.34	—	0.34
甜菜	—	0.1	0.37	1.5	0.37
蔬菜	—	0.1	—	—	0.37
瓜果	—	—	—	—	0.37

数据来源:张福春等(1990),毕于运等(2009),谢光辉等(2011),王晓玉等(2012),Lobell 等(2002)

注:"—"表示缺省值;粗体为江苏省实测数据平均值;* 蚕豌豆根据张福春等确定的蚕豆和豌豆秸秆系数平均值而取值;* * 谢光辉等的棉花秸秆系数取值基于皮棉产量,其他均是基于籽棉产量。

2. 秸秆还田利用率(R_s)

农作物秸秆还田是一种经济可行且易于推广操作的秸秆综合利用方式,有助于农业的可持续发展。江苏省秸秆综合利用归纳起来有秸秆肥料化、能源化、工业

原料化、饲料化和基料化利用五大方式。据统计,2008 年江苏省秸秆综合利用率
达到 58.9%,其中秸秆肥料化利用所占比重最大,为 22.9%,而江苏省内区域差异
较大,与苏南地区相比,苏中、苏北地区的秸秆资源更为丰富,秸秆能源化、工业原
料化利用率较高,而秸秆肥料化、饲料化和基料化利用率相对较低(具体见表 4-2)。
江苏省秸秆肥料化利用以秸秆直接还田为主,2008 年秸秆还田利用率为 22.5%,占
秸秆肥料化利用总量的 97.83%。连云港市、盐城市、南通市的秸秆肥料化利用率
分别为 18.8%、20.7%、18.1%,在江苏省 13 个地级市中处于较低水平,这主要是
受到经济发展水平制约,农业机械化投入力度不高,机械化还田率较低(苏中、苏北
地区仅为 20%,苏南地区达到 50%以上),从而影响了秸秆直接还田利用率。

表 4-2　2008 年江苏省农作物秸秆综合利用率

区域		肥料化	能源化	工业原料化	饲料化	基料化
苏南	南京市	22.0%	14.7%	12.0%	8.0%	10.0%
	无锡市	35.3%	21.2	4.7	5.9	3.5
	常州市	27.5%	19.1	5.3	6.1	3.1
	苏州市	34.1%	30.1	8.9	4.1	0.8
	镇江市	41.5%	15.3	5.1	2.5	0.8
苏中	南通市	18.1%	24.7	6.2	3.2	2.6
	扬州市	21.0%	4.5	7.0	7.0	1.7
	泰州市	28.5%	17.7	3.6	4.8	0.9
苏北	徐州市	21.6%	25.0	11.4	4.5	2.3
	连云港市	18.8%	20.3	9.4	3.1	4.7
	淮安市	16.0%	14.2	14.0	6.6	2.4
	盐城市	20.7%	24.3	7.5	1.5	2.2
	宿迁市	21.1%	21.6	3.2	14.1	5.3
江苏省		22.9%	19.9	8.0	5.2	2.9

数据来源:《江苏省农作物秸秆综合利用规划(2010—2015 年)》

　　2009 年由江苏省发改委、省农委组织编制的《江苏省农作物秸秆综合利用规
划(2010—2015 年)》中指出,江苏省秸秆肥料化利用率在 2012 年和 2015 年分别达
到 32%和 33%,其中秸秆还田率在 2012 年和 2015 年分别达到 30.7%和 31.5%。

据此可以计算得到江苏省 2008—2015 年 7 年间秸秆还田率的平均增长速度为
4.92%。本研究考虑到区域差异性以秸秆还田率的变化趋势,将江苏沿海地区的
秸秆还田率划分为 2000—2005 年和 2006—2010 年两个时段。由于资料所限,本
研究秸秆还田率参数的确定根据如下处理方式获得,以尽量反映研究区的真实情
况:2006—2010 年以 2008 年秸秆还田率作为平均值,按照江苏省秸秆还田利用量
占肥料化利用总量的比例系数(97.83%),将连云港市、盐城市、南通市的肥料化利用
率换算成相应的秸秆还田率;2000—2005 年以 2006—2010 年秸秆还田率平均值为基
准,按照江苏省秸秆还田率的平均增长速度倒推获得,参数值计算结果见表 4 - 3
所示。

表 4 - 3　江苏沿海地区农作物秸秆还田率取值

区域	2000—2005 年	2006—2010 年
连云港	13.9%	17.7%
盐城	15.9%	20.3%
南通	14.5%	18.4%

3. 干物质比重(F_{id})和含碳系数(F_{icy}、F_{icr})

干物质比重是利用产量数据估算生物量的重要参数之一,许多相关研究采用
含水率来表示,两者之间可以相互换算(干物质比重＝1－含水率),据此将农作物
经济产量(或鲜重量)转化为干物质重量。Lobell 等(2002)和 Huang 等(2007)均
在相关研究中给出农作物干物质比重的取值,由于相关研究中该参数值的差异性
较小,以两者平均值作为本文农作物干物质比重的取值。另外,蔬菜、瓜果干物质
比重取值由于相关研究较少,按照同类作物取值法,参照甜菜确定其干物质比重取
值。不同作物含碳比例(含碳系数)目前大多数研究采用统一的数值 45%,考虑到
不同类型农作物的含碳比例会有差异,且经济产量部分和秸秆产量部分的含碳比
例也有所差别,因此本文中农作物含碳比例取值参照 Huang 等的研究成果,具体
参数取值见表 4 - 4 所示。

本文以县(区)市为研究单元,利用 14 种农作物产量数据及相关各类参数,对
江苏沿海地区 21 个县(区)市的 NPP_h 进行估算。估算时,虽然已经考虑到包括小
麦、稻谷等在内的 14 种农作物,但仍有部分所占比重较少的农作物如谷子、药材、
烟叶等未纳入计算,为避免因此低估 NPP_h 总量,对估算结果进行了农作物播种面
积的修正,修正系数是研究区实际农作物播种总面积与所选农作物播种面积之比。

表 4－4　江苏沿海地区主要农作物干物质比重、含碳系数取值

农作物种类	干物质比重F_{id}/%			含碳系数	
	Lobell 等	Huang 等	本文取值	F_{icy}	F_{icr}
小麦	89	85	87	0.39	0.49
大麦	88	85	86.5	0.39	0.49
蚕豌豆 *	—	—	87.5	0.40	0.45
稻谷	91	85	88	0.38	0.42
玉米	89	78	83.5	0.39	0.47
大豆	90	85	87.5	0.40	0.45
薯类	20	20	20	0.39	0.42
花生	91	86	88.5	0.38	0.38
油菜籽	—	90	90	0.42	0.45
芝麻	—	85	85	0.40	0.45
棉花	92	90	91	0.40	0.39
甘蔗	—	32	32	0.42	0.42
蔬菜 * *	—	—	17.5	0.39	0.42
瓜果 * *	—	—	17.5	0.39	0.42

数据来源：Lobell 等（2002），Huang 等（2007）

注："—"表示缺省值；* 参照大豆取值；* * 参照甜菜取值。

4.1.4　作物产量数据

本文考虑了 14 种农作物，包括 7 种粮食作物，如稻谷、小麦、大麦、玉米、大豆、蚕豌豆和薯类；3 种油料作物，如花生、油菜籽、芝麻；1 种纤维作物，如棉花；1 种糖料作物，如甘蔗；2 种其他经济作物，如蔬菜、瓜果。2000—2010 年江苏沿海地区各县（市）的产量数据主要来源于《江苏省统计年鉴》和《江苏省农村统计年鉴》。2005—2009 年糖类作物产量数据缺失，由于糖类作物占作物总产量比重不到 1%，因此，对本文研究结果影响不大。

2000—2010 年江苏沿海地区农作物产量整体呈增加趋势。蔬菜瓜果和粮食作物的产量约占农作物总产量的 52.92% 和 42.39%，油料作物、纤维作物以及糖料作物仅占农作物总产量的 4.69%。粮食作物 2000—2003 年出现大幅减产，2004—2010 年呈平稳增长趋势，其中，稻谷和小麦是主要粮食作物品种，其产量分

别占粮食作物的 49.73% 和 27.14%；蔬菜瓜果 2006—2010 年呈显著增长趋势；油料作物、纤维作物以及糖料作物产量总体比较稳定，见图 4-1 所示。

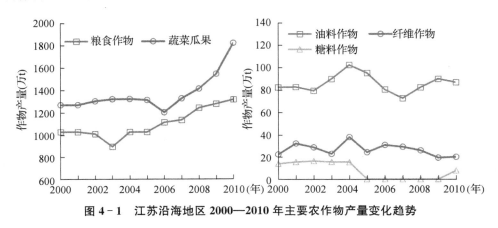

图 4-1　江苏沿海地区 2000—2010 年主要农作物产量变化趋势

4.2　江苏沿海地区生态系统服务消耗水平时空格局

4.2.1　生态系统服务消耗的时间变化格局

基于上述 CNPP 模型并结合农作物产量数据，估算江苏沿海地区 2000—2010 年生态系统服务消耗情况如图 4-2 所示。江苏沿海地区 NPP 消耗总量从 2000 年的 10.12 TgC 增加到 2010 年的 12.62 TgC，总体变化呈上升趋势，2005 年以后上升趋势尤其显著，年平均增长率为 2.35%。2003 年受到区域整体气候条件异常影响，稻谷、玉米、花生、棉花等主要农作物均较大幅度减产，使得 NPP 消耗总量跌至 9.63 TgC。

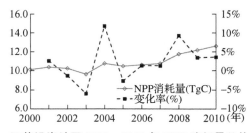

图 4-2　江苏沿海地区 2000—2010 年 NPP 消耗量总体变化趋势

表 4-5 为 2000—2010 年江苏沿海地区主要农作物对 NPP 消耗量的贡献率，稻谷、小麦、蔬菜、油菜籽、大麦、玉米、棉花等农作物 NPP 消耗量占 NPP 消耗总量的累计贡献率达到 92.15%。其中，稻谷对 NPP 消耗总量的贡献最大，年均贡献率

为33.82%;其次是小麦,对NPP消费总量的年均贡献率为23.36%。

表4-5 江苏沿海地区主要农作物对NPP消耗量的贡献率统计

农作物种类	对NPP消耗总量的贡献率			累计贡献率
	最大值	最小值	平均值	
稻谷	36.86%	30.29%	33.82%	33.82%
小麦	27.36%	19.53%	23.36%	57.18%
蔬菜	11.97%	9.10%	10.59%	67.77%
油菜籽	9.52%	6.42%	7.53%	75.30%
大麦	8.41%	5.85%	7.23%	82.53%
玉米	9.17%	5.06%	6.75%	89.28%
棉花	4.14%	1.78%	2.87%	92.15%

4.2.2 生态系统服务消耗的空间分布格局

1. NPP消耗水平的空间分布

通过计算单位土地面积NPP消耗量来反映区域NPP消耗水平,以表征区域生态系统服务的消耗状况。计算结果显示,江苏沿海地区2000—2010年NPP消耗水平从289.13 gC/m²提高到360.50 gC/m²,年平均值为310.67 gC/m²,总体呈现上升趋势,年平均变化率为2.35%。表明2000年以来,江苏沿海地区人类活动对生态系统生物量的消耗呈增加趋势。

如图4-3所示,连云港市NPP消耗水平从2000年的243.78 gC/m²提高到2010年的370.37 gC/m²,年平均值为300.93 gC/m²,研究时段内NPP消耗水平变化幅度较大,整体呈上升趋势,年平均变化率为4.62%;盐城市NPP消耗水平从2000年的294.84 gC/m²提高到2010年的384.59 gC/m²,年平均

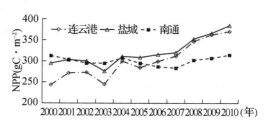

图4-3 江苏沿海三市2000—2010年
NPP消耗水平变化趋势

值为321.34 gC/m²,研究时段内NPP消耗水平变化幅度低于连云港,整体呈上升趋势,年平均变化率为2.84%;南通市NPP消耗水平从2000年的312.72 gC/m²增加到2010年的314.47 gC/m²,年平均值为300.37 gC/m²,研究时段内NPP消耗水平变化幅度较小,年平均变化率为0.11%。总体上,江苏沿海地区2000—2010年NPP消耗水

平呈现上升趋势,连云港、盐城市的增长幅度明显大于南通市。

同时计算了各个县(区)2000—2010年的NPP平均消耗水平。如图4-4所示,江苏沿海地区NPP平均消耗水平超过400 gC/m²的区域主要分布在远离海域且耕地比重相对较高的县(区);NPP平均消耗水平低于200 gC/m²的区域主要分布在城市市区以及近海县(区)。土地利用变化、产业结构差异以及经济发展水平的不同是形成这种差异的主要原因。

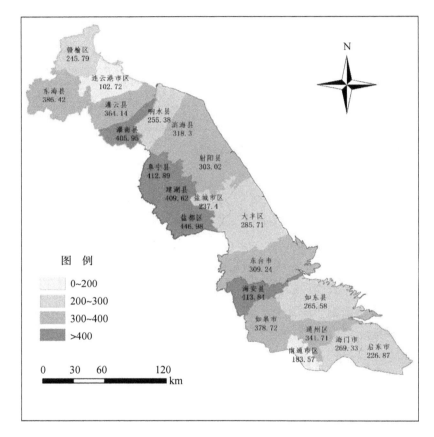

扫码看彩图

图4-4　江苏沿海地区2000—2010年NPP平均消耗水平(gC·m⁻²)的空间分布图

此外,为反映江苏沿海地区不同时段内各县(区)的NPP消耗水平的空间差异,分别计算了2000—2005年和2006—2010年两个时段NPP消耗水平的平均值。如图4-5所示,连云港市、盐城市NPP消耗水平由2000—2005年到2006—2010年均有不同程度增加,而南通市在两个时段上变化较小。

空间分布上,城市市区NPP消耗水平为各县(区)中最低,原因是市区耕地比重相对最低。各地级市内部：连云港市的灌南县、东海县 NPP 消耗水平较高，而赣榆区 NPP 消耗水平较低；盐城市的盐都区、阜宁县、建湖县等远离海域的县（区）NPP 消耗水平较高，而响水县、滨海县、射阳县、东台市、大丰区等靠近海域的县（区）NPP 消耗水平较低；南通市的海安县 NPP 消耗水平最高，其次是如皋市，而启东市、如东县、海门市等近海县（区）较低。

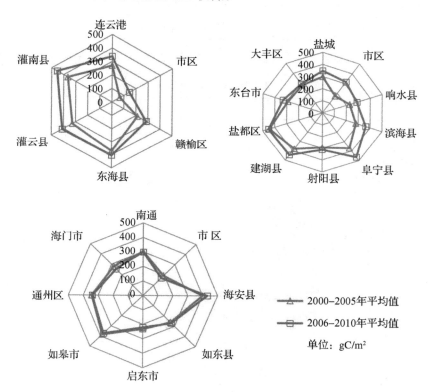

图 4－5　江苏沿海三市各县(区)NPP 消耗水平的区域差异

2. NPP 消耗水平变化趋势的空间差异

为反映 2000—2010 年江苏沿海地区 NPP 消耗水平变化趋势的空间差异，以县级单元为统计对象，对其 NPP 消耗水平进行一元线性回归，获得 NPP 消耗水平变化的斜率，并根据斜率的变化范围划分出减少、基本不变、增加、较显著增加、显著增加五个变化区间。

如表 4－6、图 4－6 所示，研究时段内南通市 NPP 消耗水平变化趋势基本保持稳定；连云港市除东海县外，其他各县区 NPP 消耗水平呈显著或较显著增加的变化趋势；

盐城市 NPP 消耗水平呈增加的变化趋势,其中阜宁县、滨海县增加的趋势显著。

表 4-6　江苏沿海地区 2000—2010 年 NPP 消耗水平变化趋势的空间差异统计

斜率变化区间	变化程度等级	区域
<-2	减少	南通市区、海门市、启东市
-2~2	基本不变	盐都区、如东县、如皋市、通州区
2~8	增加	东海县、射阳县、大丰区、东台市、海安县
8~15	较显著增加	连云港市区、赣榆区、灌云县、响水县、盐城市区、建湖县
>15	显著增加	灌南县、阜宁县、滨海县

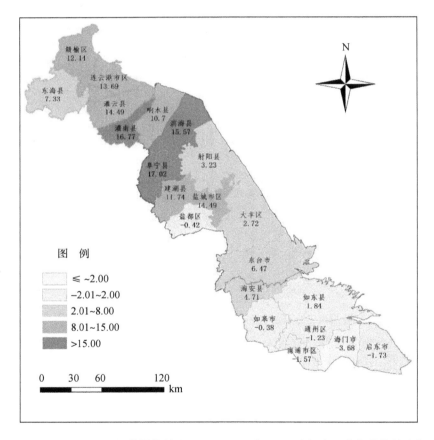

扫码看彩图

图 4-6　江苏沿海地区 2000—2010 年 NPP 消耗水平变化趋势的空间差异图

4.2.3　基于锡尔系数的生态系统服务消耗的区域差异程度

锡尔系数(Theil index)又称为锡尔熵,由 Theil 和 Henri 于 1967 年最先提出用于国家之间收入差距的研究(王启仿,2004)。锡尔系数可以将研究区域的总体差异进一步分解为组间差异和组内差异,能够解释不同层次差异在总体差异中的影响程度(徐建华 等,2005),以更为深入地反映研究区域的差异状况及其原因,因此该方法在区域经济差异研究领域得到广泛应用。

本文以单位面积 NPP_h 表征区域 NPP 消耗水平,以 NPP 消耗比重进行加权,锡尔系数的计算公式表示为:

$$T = \sum_{i=1}^{n} N_i \log\left(\frac{N_i}{A_i}\right)$$

式中, n 为区域个数; N_i 为第 i 地区 NPP 消耗量占研究区域 NPP 消耗总量的比重; A_i 为第 i 地区土地总面积占研究区域土地总面积的比重。

锡尔系数越大,说明各区域之间的 NPP 消耗水平差异程度越大。

以地级市行政区域为基本单元,对锡尔系数进行如下转换:

$$T_s = \sum_i \sum_j \left(\frac{N_{ij}}{N_i}\right) \log\left(\frac{N_{ij}/N}{A_{ij}/A}\right)$$

式中, N_{ij} 表示第 i 地级市中第 j 县(区)市的 NPP 消耗量; N_i 表示第 i 地级市的 NPP 消耗量; N 表示江苏沿海地区的 NPP 消耗量; A_{ij} 表示第 i 地级市中第 j 县(区)市土地总面积; A_i 表示第 i 地级市土地总面积, A 表示江苏沿海地区土地总面积。

连云港市有 7 个县(区)市,盐城有 9 个县(区)市,南通有 8 个县(区)市。

对上述锡尔系数进行一阶段分解,可以将江苏沿海地区总体差异分解为连云港、盐城、南通三个地级市间差异和三个地级市内各县之间的差异,分解的锡尔系数计算如下:

$$T_s = \sum_i \left(\frac{N_i}{N}\right) \sum_j \left(\frac{N_{ij}}{N_i}\right) \log\left(\frac{N_{ij}/N_i}{A_{ij}/A_i}\right) + \sum_i \left(\frac{N_{ij}}{N}\right) \log\left(\frac{N_i/N}{A_i/A}\right) = T_w + T_b$$

式中, T_w 表示地市内差异, T_b 表示地市间差异,其他代号含义同上。

如表 4-7、图 4-7 所示,江苏沿海地区的 NPP 消耗水平的总体差异从 2000 年的 0.049 5 减少到 2010 年的 0.028 4,年均总体差异为 0.038 3,研究时段内呈现出波动下降的变化趋势,年均变化率为 -5.19%。

表 4-7 江苏沿海地区 2000—2010 年 NPP 消耗水平区域差异分解结果

差异类型	2000 年		2005 年		2010 年	
	T 值	贡献率	T 值	贡献率	T 值	贡献率
地市内差异	0.045 5	91.81%	0.039 3	98.73%	0.024 7	87.10%
其中:						
连云港	0.019 0	38.30%	0.023 0	57.84%	0.009 5	33.60%
盐城	0.015 6	31.58%	0.008 2	20.50%	0.007 1	24.98%
南通	0.010 9	21.93%	0.008 1	20.39%	0.008 1	28.52%
地市间差异	0.004 1	8.19%	0.000 5	1.27%	0.003 7	12.90%
总体差异	0.049 5	—	0.039 8	—	0.028 4	—

NPP 消耗水平地市间差异很小,从 2000 年的 0.004 1 降低到 2010 年的 0.003 7,年均变化率为 6.26%,其占总体差异的比重从 2000 年的 8.19% 增加到 2010 年 12.90%。

NPP 消耗水平地市内差异占主导地位,研究时段内其对总体差异的年均贡献率为 95.41%,差异化程度从 2000 年的 0.045 5 降低到 2010 年的 0.024 7。

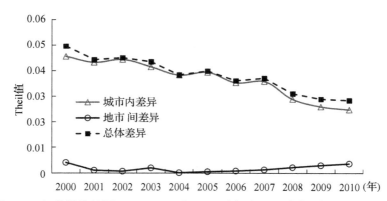

图 4-7 江苏沿海地区 2000—2010 年 NPP 消耗水平区域差异化程度变化趋势

从地级单元内部差异来看(图 4-8),2000—2010 年期间连云港 NPP 消耗水平的内部差异呈现出先升后降的变化特征,对江苏沿海地区总体差异的年均贡献

率为 49.39％,区域差异化程度从 2000 年的 0.019 0 下降到 2010 年的 0.009 5,
2004 年达到最高点 0.026 2,年均变化率为－5.23％;盐城市 NPP 消耗水平的内部
差异呈现出先波动下降后趋于平稳的变化特征,对江苏沿海地区总体差异的年均
贡献率为 24.58％,区域差异化程度从 2000 年的 0.015 6 下降到 2010 年的 0.007
1,2004 年降到最低点 0.005 2,年均变化率为－3.44％;南通市 NPP 消耗水平的内
部差异处于较低水平,呈现出小幅波动后趋于平稳的变化特征,对江苏沿海地区总
体差异的年均贡献率为 21.10％,区域差异化程度从 2000 年的 0.010 9 下降到
2010 年 0.008 1,2003 年下降到最低点 0.005 4,年均变化率为－1.05％。

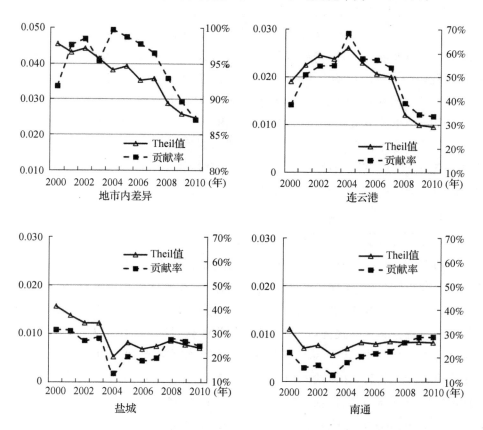

图 4－8 江苏沿海地区 2000—2010 年 NPP 消耗水平地市内差异变化趋势

综上所述,2000—2010 年江苏沿海地区 NPP 消耗水平区域差异总体上呈现
出不断下降的变化趋势。地市间差异虽然表现出进一步扩大的变化趋势,但对江
苏沿海地区总体差异的贡献率仍较小;地市内差异的变化特征与总体差异相似,表

现为进一步缩小的变化趋势。因此,江苏沿海地区 NPP 消耗水平的总体差异主要是由于连云港、盐城和南通市内部差异所导致,且连云港市内部差异最大。

4.3　江苏沿海地区生态系统服务消耗的影响因素研究

农田生态系统是受到人类干扰程度较大的人工生态系统之一,其净初级生产力大小受到多方面因素的综合影响,包括温度、光照、降水等自然因素,农田管理措施等人为因素,以及经济发展水平、人口密度等社会经济因素。在收获指数和秸秆还田率相对稳定的前提下,农田净初级生产力直接影响农作物收获生物量,进而影响区域生态系统服务消耗水平。苏本营等(2010)从自然因子和人为因子两方面分析农田生态系统 NPP 的影响因素,研究发现气候因子中,对山东省农田 NPP 贡献最大的是年降水量,人为因子中农膜的贡献最大,人口密度过大对农田生态系统 NPP 具有较大的负面影响。朱锋等(2010)分别对地形、降水、温度等因素与农田 NPP 进行相关分析,研究发现东北地区农田 NPP 尤其是旱田主要受到降水影响,温度的影响较小并呈负相关,地形因素对农田 NPP 基本不产生影响。

江苏沿海地区 2000—2010 年 NPP 消耗总体呈现增加的变化趋势,但在不同时间和空间范围内 NPP 消耗呈现出不同的变化规律。为进一步解释区域 NPP 消耗变化的驱动机制,本文分别从土地利用、农业生产条件以及社会经济条件等方面分析影响 NPP 消耗的主要驱动因素。

4.3.1　土地利用对 NPP 消耗的影响

土地利用的改变会影响农作物收获量,从而影响 NPP 消耗。一方面,随着经济发展和人口增长,城市建设用地规模不断扩大,导致优质耕地数量减少,从而在一定程度上会减少农作物收获量;另一方面,随着农业科学技术的发展,农作物单产水平和复种指数不断提高,单位面积农作物收获量相应增加,从而导致 NPP 消耗水平上升。如图 4-9 所示,江苏沿海地区粮食作物单产和耕地复种指数均呈现不断上升的变化趋势,在耕地面积不变的前提下,NPP 消耗水平必然大幅度上升。从江苏沿海不同城市来看,粮食单产水平均呈上升趋势,但复种指数各区域之间差异较大。其中南通市耕地复种指数变化幅度较小,并有减少趋势,这与南通市 NPP 消耗水平的变化趋势比较吻合,说明耕地复种指数的改变对 NPP 消耗水平具有明显的影响。

根据前文分析,江苏沿海地区的土地利用转移路径主要为耕地转为建设用地、耕地与水域相互转化、滩涂湿地转为耕地等。在各种土地利用类型相互转化过程

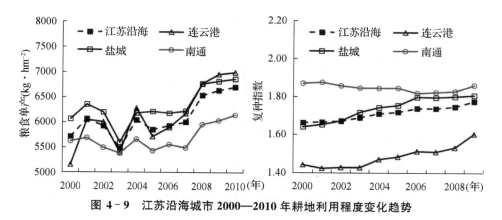

图 4 - 9　江苏沿海城市 2000—2010 年耕地利用程度变化趋势

中,耕地数量总体呈减少趋势,但耕地利用程度提升对 NPP 消耗水平上升的贡献
超过耕地数量减少对 NPP 消耗水平减少的影响,使得江苏沿海地区 NPP 消耗水
平呈不断上升的变化趋势。

4.3.2　农业生产条件对 NPP 消耗的影响

除受到土地利用变化的直接影响外,化肥使用量、农田灌溉率等农业生产条件
的改变均会对 NPP 消耗产生影响。本文以单位耕地面积化肥施用量和农田灌溉
率两项指标来表征江苏沿海地区的农业生产条件,以此分析其对 NPP 消耗的影响
过程。

如图 4 - 10 所示,2000—2010 年江苏沿海三市的化肥施用量呈上升趋势。其
中,连云港化肥投入强度最大,年平均化肥施用量高达 832 kg/hm²,总体呈现不断
增加的变化趋势,年平均变化率为 2.81%;盐城化肥投入强度次之,年平均化肥施
用量为 719 kg/hm²,总体呈现不断增加的趋势且上升速度较快,年平均变化率为
2.17%;南通市化肥投入强度最小,年平均化肥施用量为 574 kg/hm²,研究时段内
化肥投入强度基本保持不变,年平均变化率为 0.35%。与化肥投入强度相比,江
苏沿海三市农田灌溉率的变化趋势的区域差异同样明显,连云港、南通市灌溉率分
别由 77%、72%上升到 86%和 88%,总体呈现上升的变化趋势。盐城市总体平稳,
除 2004 年农田灌溉率较低外,研究时段内其他年份均稳定保持在 75%～80%
之间。

相关研究表明,农业生态系统中化肥施用量和灌溉面积是收获 NPP 增加的重
要驱动因子,对农田进行施肥和灌溉使得农业用地的收获 NPP 显著增加(Kraus-
mann et al.,2012)。本文以单位耕地面积 NPP 消耗量来表征农田 NPP 消耗水

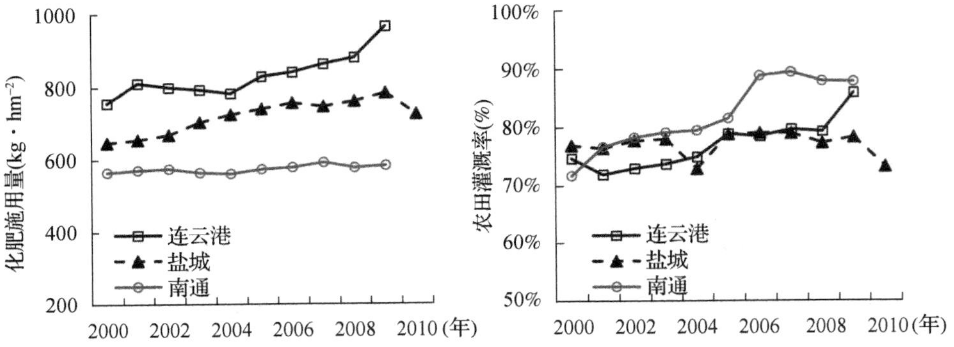

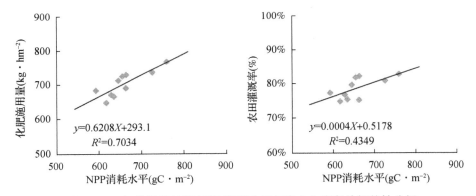

图 4-10　江苏沿海城市 2000—2010 年农业生产条件变化趋势

平,以单位耕地面积化肥施用量、农田灌溉率来表征农业生产条件,对江苏沿海地区 2000—2010 年农田 NPP 消耗水平与农业生产条件的相关性进行分析。从总体上看,江苏沿海地区 NPP 消耗水平与化肥施用量、农田灌溉率均呈显著正相关($P<$ 0.05)。相比农田灌溉率,NPP 消耗水平与化肥施用量的相关性更为显著(图 4-11)。

图 4-11　江苏沿海地区 NPP 消耗水平与农业生产条件相关性分析

分地级市来看,NPP 消耗水平与化肥施用量、农田灌溉率的关系具有一定的差异(图 4-12)。连云港市、盐城市 NPP 消耗水平与化肥施用量均呈显著正相关(连云港:$P<0.001$,$R=0.9101$;盐城:$P<0.05$,$R=0.6774$),而南通市的相关性不明显;连云港市的 NPP 消耗水平与农田灌溉率呈显著正相关($P<0.01$,$R=0.8454$),而盐城市、南通市的相关性不明显。

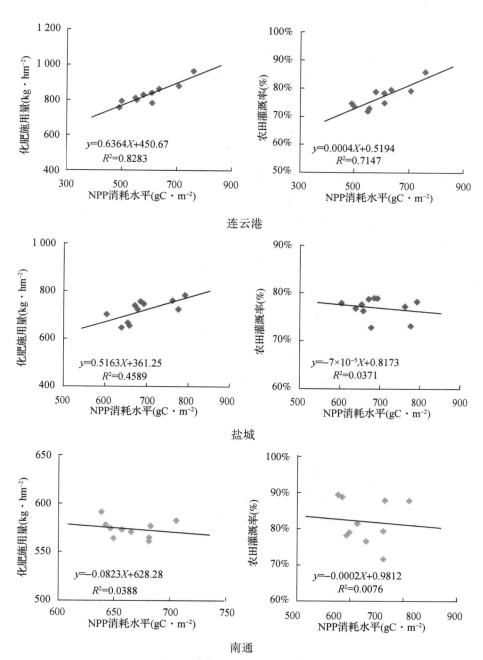

连云港

盐城

南通

图 4－12 江苏沿海三市 NPP 消耗水平与农业生产条件相关性分析

综上所述,总体上江苏沿海地区 NPP 消耗水平随化肥投入强度以及农田灌溉率的增加而增加。这是因为有效灌溉能减弱水分胁迫效应,化肥使用能增加作物叶片含氮量,加速光合速率,这都有助于增加作物产量,从而导致 NPP 消耗水平的上升。但在不同区域,NPP 消耗水平与化肥施用量、农田灌溉率的相关性具有明显差异。连云港市农业生产条件的改变对 NPP 消耗水平的提高作用明显,而盐城市和南通市农业生产条件的改变对 NPP 消耗水平的影响程度较弱。

4.3.3　社会经济因素对 NPP 消耗的影响

人口增长和经济发展必然促使人类对生物量的需求不断增长,导致区域 NPP 消耗水平不断上升。考虑到区划调整影响及统计数据的限制,选取 2006—2010 年的数据作为分析对象。以人均 GDP 来表征经济发展水平,江苏沿海城市中南通市的经济发展水平最高(35 810 元,5 年平均值,下同),盐城(21 720 元)、连云港(18 666 元)次之。而南通市 NPP 消耗水平为 302.86 gC/m²,低于连云港市(351.28 gC/m²)和盐城市(349.41 gC/m²),因此,在一定的经济发展程度下,江苏沿海地区经济发展水平较高的地级市,NPP 消耗水平相对较低。

Krausmann 等(2012)从国家尺度对人类占用净初级生产力(HANPP)的长期变化轨迹进行了分析,研究发现,HANPP 的变化轨迹与人口增长相似,生物收获量与人口之间表现出明显的正相关。同时,国家层面上人口密度对 HANPP 具有明显的影响,人口密度高的国家具有较高的 HANPP,而人口稀疏国家的 HANPP 相对较低。从江苏沿海地区的地区级城市层面看,南通市人口密度最大(956.28 人/km²),连云港市次之(650.28 人/km²),盐城市人口密度最小(477.84 人/km²)。与此对应的 NPP 消耗水平,南通市最低,盐城最高。由此可知,江苏沿海地区人口密度相对较高的地级市,NPP 消耗水平相对较低。

此外,进一步对县(区)尺度的经济发展水平与 NPP 消耗水平的关系进行相关分析,如图 4-13 所示,江苏沿海各县(区)NPP 消耗水平与人均 GDP 呈负相关关系,

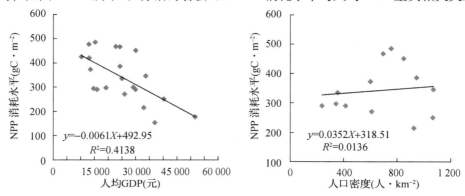

图 4 - 13　江苏沿海地区 NPP 消耗水平与社会经济条件相关性分析

与人口密度相关性不明显。

根据上述分析结果可知,NPP 消耗与社会经济因素之间的关系表现出较明显的尺度效应。时间尺度上,江苏沿海地区 NPP 消耗随着经济发展水平、人口密度的增加而增加,表现为一定的正相关关系。不同空间尺度下,NPP 消耗与经济发展水平、人口密度的关系具有一定的差异。地市、县(区)级等局部尺度上 NPP 消耗与经济发展水平呈现出负相关关系,与人口密度的相关性不明显,这与江苏沿海地区土地利用和产业结构特征的区域差异具有密切关系。

4.4　本章小结

本章从净初级生产力的人类占用角度,利用农作物产量数据和秸秆系数、秸秆还田利用率、干物质比重、含碳系数等参数,运用 CNPP 模型定量评估了 2000—2010 年江苏沿海地区生态系统服务消耗能力,分析区域生态系统服务消耗的时空格局及其演变,并通过分析不同自然条件和社会经济条件下 NPP 消耗的变化响应,对区域生态系统服务消耗的影响因素进行了研究,主要研究成果如下:

1. NPP 消耗水平时空格局

江苏沿海地区 NPP 消耗总量从 2000 年的 10.12 TgC 增加到 2010 年的 12.62 TgC,总体变化呈上升趋势。NPP 消耗量主要由稻谷、小麦、蔬菜、油菜籽、大麦、玉米、棉花等农作物的消耗构成,其中,水稻对 NPP 消耗总量的贡献最大,其次是小麦。

单位土地面积 NPP 消耗量 2000—2010 年从 289.13 gC/m² 提高到 360.50 gC/m²,年平均值为 310.67 gC/m²,年平均变化率为 2.35%,总体呈现上升趋势,其中,连云港、盐城市的增长幅度明显大于南通市。从县(区)分布看,NPP 消耗水平较高区域主要分布在远离海域且耕地比重较高的县(区),而城市市区及近海县(区)的 NPP 消耗水平相对较低。

利用锡尔系数对江苏沿海地区 NPP 消耗水平的区域差异程度进行定量化分析。研究发现,江苏沿海地区 2000—2010 年 NPP 消耗水平的总体差异从 0.049 5 减少到 0.028 4,呈现出波动下降的变化趋势。地市内差异是江苏沿海地区 NPP 消耗水平空间差异的主要原因,并呈现出进一步缩小的变化趋势。

2. 区域生态系统服务消耗的影响因素

本文分别从土地利用、农业生产条件及社会经济条件等方面分析影响 NPP 消耗的主要驱动因素。分析结果表明:

（1）土地利用的改变会影响农作物收获量，从而影响 NPP 消耗。一方面，与其他快速城市化地区相比，江苏沿海地区的耕地数量净减少速度相对较慢，耕地利用程度增加对 NPP 消耗水平上升的贡献超过耕地数量减少对 NPP 消耗水平减少的贡献；另一方面，耕地复种指数的改变对 NPP 消耗水平具有明显的影响。

（2）江苏沿海地区 NPP 消耗水平与化肥施用量、农田灌溉率总体上均呈显著正相关，但在连云港、盐城、南通，它们之间的关系具有明显区域差异。连云港市农业生产条件的改变对 NPP 消耗水平的影响显著，而盐城市和南通市农业生产条件的改变对 NPP 消耗水平的影响程度较弱。

（3）NPP 消耗与经济发展水平、人口密度的关系表现出一定的尺度效应。时间尺度上，江苏沿海地区 NPP 消耗随着经济发展水平、人口密度的增加而增加，表现为一定的正相关关系。区域尺度上，NPP 消耗与经济发展水平呈现出负相关关系，与人口密度的相关性不明显，这与江苏沿海地区土地利用和产业结构特征的区域差异具有密切关系。

第5章　江苏沿海地区生态系统
服务供给与消耗关系研究

5.1　生态服务供给与消耗关系的理论与分析方法

地球生态系统究竟能够支撑多少人口,地球生物圈对人类活动的承载能力到底有多强,一直是学术界研究的重点。一些研究利用净初级生产力的人类占用(HANPP)这一反映人类活动对自然生态系统影响程度的社会生态综合指标来定量表征,并用来衡量生态环境对人口或经济增长的约束状态(Daly,1992;Costanza et al.,1997;Haberl et al.,2007;Krausmann et al.,2009)。Vitousek 等(1986)研究发现,从全球范围看,人类对陆地净初级生产力的占用达到31%(HANPP 占潜在 NPP 的比例),Rojstaczer 等(2001)沿用 Vitousek 等的定义,重新估算全球 HANPP 率为32%。Imhoff 等发表在 *Nature* 的《人类消耗净初级生产力的全球格局》一文中,以国家为分析单元绘制出全球范围净初级生产力供给与需求的空间平衡表,估算结果显示全球尺度上净初级生产力的人类占用比例接近20%,而国家尺度上表现出明显的空间异质性,西欧和中南亚等地区人类消耗净初级生产力的比例达到70%以上,南美地区最低仅为6%(Imhoff et al.,2004)。而 Haberl 等(2007)的研究结果表明,2000 年这一占用比例为23.8%,其中53%是人类收获占用,40%是土地利用导致的,7%是人为火灾占用。总体上,全球尺度上人类占用净初级生产力的比例为20%～40%,且这一比例在许多工业化国家均高于40%,在西欧和中南亚等地区甚至达到70%以上。

一些研究从生态系统服务供给和消耗的角度来评估。MA(2005)评估结果表明,从全球尺度上供给服务的过度消耗会导致调节服务下降,破坏生态系统平衡,从而影响人类对其他服务的持续利用。Chisholm(2010)研究发现,在南非地区由于人们对木材需求的增加而种植人工林,导致当地河流径流量减少1/3,减少了水资源的供给和消耗,从而影响当地经济和环境的可持续发展。鲁春霞等(2009)对我国草地生态系统的生产功能和生态功能的关系进行了分析,认为在重视生产功能的政策导向下,我国草地呈现出不同程度的退化,草地生态系统生产功能与生态功能冲突加剧,导致草地生态系统功能受到严重损害,提出建立生态保护约束下的草地利用模式,以协调草地生态系统的生产功能和生态功能关系。人们对生态系统服务的需求和消费不仅仅由生态系统服务供给驱动,需求和消费与供给表现出明显的时空不一致特征(Burkhar et al.,2012)。人们通过改造生态系统来增加其供给能力,例如转变生态系统类型、向生态系统投入更多的人为辅助能量等,供给服务增加往往是以牺牲支持、调节服务为代价(李双成 等,2013)。因此,必须要权衡多种生态系统服务之间的关系(Kroll et al.,2012),明确生态系统服务供给与消耗之间的合理性,同时兼顾生产功能和生态功能,才能确保区域的可持续发展。

生态系统为人类提供食物、燃料、纤维等各种生态系统服务,是人类生存与发展的根本。人类对净初级生产力的占用会改变大气组成、生物多样性水平、食物网能量流动和重要生态系统服务的供给能力(Haberl et al.,2001)。NPP 消耗占 NPP 供给的比例越高,说明人类活动对生态系统的干扰程度越大,留给其他生物维持生存的 NPP 就越少,对于绿色植物 NPP 再生能力的潜在危险也就越大,不利于维持和保护生物多样性,也就不利于区域乃至更大范围地区的可持续发展。以植物生产力为单位,定量评估人类活动对绿色植物生产力的占用情况,是区域可持续发展评估的一种新的生物物理量衡量方法与途径(彭建 等,2007)。

本文通过计算生态系统服务压力指数(PI)和生态系统服务净供给(NS),分别阐述江苏沿海地区生态系统服务人类占用程度和生态服务能力的时空格局,以全面反映区域生态系统服务供给与消耗之间相互关系及其空间特征,从而评估生态系统服务供给与消耗的平衡状态。其中,PI 是指生态系统服务消耗与供给能力之间的比值,用以反映区域生态系统服务的人类占用程度,也体现为区域生态系统物质生产服务的供给能力;NS 是指生态系统服务供给与消耗能力之间的差值,用以反映区域生态系统的生态服务能力,也体现为生态系统支持服务的供给能力。

5.2　区域生态系统服务供给与消耗的时空变化

5.2.1　生态系统服务人类占用程度

随着人口增加和经济社会发展,人类对生态系统的干扰程度不断增强。总体上来看,江苏沿海地区 2000—2010 年 PI 从 0.461 增加到 0.628,研究时段内 PI 平均值为 0.5,年均变化率为 3.43%,总体在 0.45～0.50 之间波动变化,2007 年后,PI 呈不断增加的变化趋势(图 5-1)。

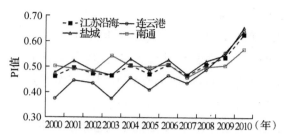

图 5 - 1　江苏沿海三市 2000—2010 年 PI 时间变化趋势

2000—2010 年,连云港市生态系统服务压力指数从 0.375 增加到 0.641,年均变化率为 6.28%;盐城市从 0.476 增加到 0.655,年均变化率为 3.74%;南通市从 0.502 增加到 0.570,年均变化率为 1.56%。研究时段内连云港、盐城、南通三市的 PI 平均值分别为 0.46、0.52、0.50,差异程度较小。

此外,连云港市 PI 的变化幅度最大,2007 年后逐渐从沿海三市的最低水平上升到沿海三市中最高水平;南通市 PI 的变化幅度最小。对比发现,研究时段内沿海三市生态系统服务压力指数的区域差异呈现不断缩小的变化趋势,尤其是 2007 年以后,沿海三市基本趋于一致。

2000—2010 年江苏沿海地区各县(区)生态系统服务人类占用程度总体呈增加趋势,且变化速度具有明显的提升趋势(图 5 - 2)。在 2000 年和 2005 年,绝大部分县(区)PI 低于 0.6;到 2010 年,连云港市和盐城市的大部分县(区)PI 呈较大幅度的增加,而南通市大部分县(区)PI 增加幅度很小或基本保持不变。

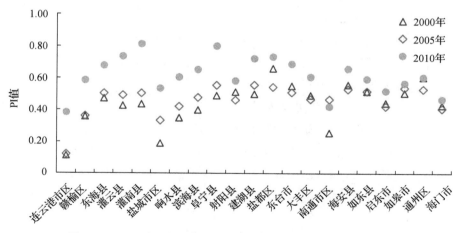

图 5 - 2　2000 年、2005 年、2010 年江苏沿海各县(区)PI 对比图

从空间分布上来看,PI 较高的区域主要集中于灌南县、阜宁县、建湖县、盐都区等耕地比重高的县(区),PI 较低的区域主要集中于沿海三市市区等城市建设用地比重相对较高的县(区)。对于不同土地类型,其净初级生产力的收获占用程度具有较大差异。相关研究表明,耕地上收获占用净初级生产力的比例接近 80%,而林地仅有 25%(O'Neill et al.,2007)。基于此,江苏沿海地区人类对生态系统服务的占用程度与区域土地利用结构表现出一定的相关性。

已有研究表明,净初级生产力的人类占用程度处于中等水平(即 HANPP 率维持在 50%)时土地景观的差异最大(Wrbka et al.,2004),因此均衡土地利用类型分布以保持 HANPP 处于中等水平,对于兼顾人类需要和维护生物多样性具有重要作用。从江苏沿海地区整体来看,2000—2010 年生态系统服务 PI 值平均为0.49,处于中等水平。从各县(区)来看,灌南县、阜宁县等地区 2010 年的 PI 均超过 0.8,这些区域生态系统服务消耗量超过生态系统服务供给能力的 80%,已经处于较高水平,将对区域生态系统的自我调节与再生能力产生威胁。

5.2.2 生态系统生态服务能力

一般而言,生态系统服务压力指数越大,反映出人类对生态系统服务的干扰程度越大,对其他生物生存与发展的威胁程度越大。但是,当净初级生产力供给及人类占用均处于较高或较低水平时,生态系统服务压力指数均可能出现较大的值。因此,需从绝对值的角度对生态系统服务供给和消耗状况进行衡量。本文通过计算生态系统服务净供给(NS),表征生态系统生态服务能力,以全面反映区域生态系统服务供给与消耗之间的关系。

江苏沿海地区 2000—2010 年 NS 从 337.94 gC/m² 减少到 213.86 gC/m²,年均变化率为−3.55%,总体在 300~350 gC/m² 之间波动变化。2007 年以后,NS 呈现不断减少的发展趋势(图 5-3)。2000—2010 年,连云港市 NS 从 407.16 gC/m²减少到 207.24 gC/m²,年均变化率为−5.21%;盐城市从 324.39 gC/m² 减少到202.58 gC/m²,年均变化率为−2.99%;南通市从 309.99 gC/m² 减少到 236.98 gC/m²,年均变化率为−1.62%。连云港市的 NS 变化幅度最大,盐城市与江苏沿海地区整体的变化趋势基本一致,南通市生态系统生态服务能力变化幅度最小。总体而言,江苏沿海地区生态系统生态服务能力呈波动变化并逐渐减少的趋势。

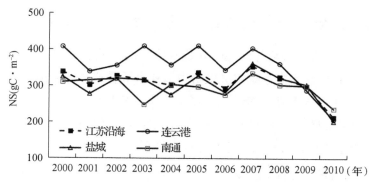

图 5 - 3　江苏沿海三市 2000—2010 年 NS 时间变化趋势

2000—2010 年,江苏沿海地区各县(区)生态服务能力呈不断减少的趋势,且减少速度呈加快趋势(图 5 - 4)。2000 年、2005 年江苏沿海地区大部分县(区)生态服务能力处于 300～400 gC/m² 之间,仅有连云港、盐城的市区生态服务能力处于较高水平,接近 500 gC/m²。到 2010 年,大部分县(区)的生态服务能力均在 100～200 gC/m² 之间。空间分布上,NS 相对较高的区域集中在连云港、盐城的市区以及如皋市、海门市等县(区),而 NS 相对较低的区域主要集中在连云港市、盐城市的大部分县(区)。

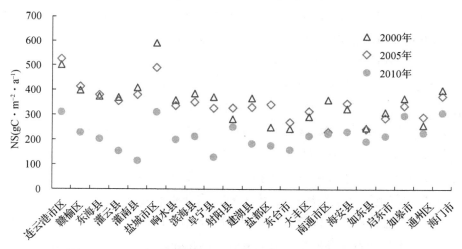

图 5 - 4　2000 年、2005 年、2010 年江苏沿海各县(区)NS 对比图

5.3　区域生态系统服务供给与消耗格局的驱动机制研究

区域生态系统服务供给与消耗格局具有明显的区域差异性,在气候条件相一致的前提下,各地区的生态系统服务供给与消耗水平受到社会经济条件、土地利用条件、农业生产条件等多种因素的综合影响。本文应用约束性排序方法对生态系统服务供给与消耗格局的驱动机制进行定量分析,揭示生态系统服务供给、消耗格局及其与社会经济环境因子之间的空间对应关系。

5.3.1　驱动因素分析与选择

根据前文分析可知,江苏沿海地区的土地利用类型以耕地为主,除林地外,耕地比其他土地利用类型的 NPP 供给能力均要高,而 NPP 消耗主要集中于耕地上。因此,耕地比重高的地区,其 NPP 供给和消耗能力相对较高。空间尺度上,区域土地利用结构是生态系统服务供给与消耗能力的直接驱动因子。地区经济发展水平与区域产业结构、土地利用特征等密切相关。江苏沿海地区经济水平较高的地区,产业结构具有第一产业比重相对较低的特点,土地利用结构具有建设用地比重相对较高、耕地比重相对较低的特点。因此不同经济发展水平下,土地利用方式具有明显的区域差异,是生态系统服务供给与消耗能力的间接驱动因子。化肥、农药、有效灌溉等农业投入因素,一方面有助于提高耕地生产力和农作物产量,从而增加耕地 NPP 的供给与消耗能力,另一方面过度投入也会对生态环境产生负面效应。为进一步揭示江苏沿海地区生态系统服务供给与消耗格局的社会经济环境特征,从经济发展、农业生产、土地利用等方面分析生态系统服务供给与消耗的驱动机制。

基于上述分析,本文以江苏沿海地区 19 个县(区)作为空间分析样本,分别选取生态系统服务压力指数(X1)、生态服务能力(X2)、生态系统服务供给能力(X3)、生态系统服务消耗能力(X4)等 4 项指标反映区域生态系统服务供给与消耗格局,作为物种变量(响应变量);从社会经济条件、农业生产条件、土地利用状况等 3 个方面选取与生态系统服务供给与消耗相关性较大的 15 个指标作为环境变量(解释变量),并对物种变量和环境变量数据进行标准化处理,详见表 5-1 所示。

表 5 - 1　物种变量与环境变量的指标构成

物种变量	环境变量	
	因素层	因子层
生态系统服务压力指数(X1) 生态服务能力(X2) 生态系统服务供给能力(X3) 生态系统服务消耗能力(X4)	社会经济条件	人均 GDP(Y1)
		第一产业比重(Y2)
		第二产业比重(Y3)
		第三产业比重(Y4)
		人口密度(Y5)
	农业生产条件	单位化肥施用量(Y6)
		有效灌溉比(Y7)
	土地利用状况	耕地比重(Y8)
		林地比重(Y9)
		建设用地比重(Y10)
		水域比重(Y11)
		滩涂湿地比重(Y12)
		未利用地比重(Y13)
		耕地复种指数(Y14)
		粮食单产水平(Y15)

5.3.2　约束性排序方法的基本原理

排序概念和排序方法最早由苏联学者 Ranensky 提出,排序过程是将样方或植物物种排列在一定空间,使得排序轴能够反映一定的生态梯度,以解释植被或物种分布与环境因子之间的生态关系,因此排序又称为梯度分析(张金屯,2004)。排序分为约束性排序和非约束性排序。与非约束性排序不同的是,约束性排序的梯度是明确的,即参与排序的环境变量的线性组合,环境因子对于响应变量的影响被集中在所合成的梯度,也就是排序轴。约束性排序包括冗余分析(redundancy analysis,RDA)等线性模型以及典范对应分析(canonical correspondence analysis,CCA)等单峰模型。

本文先对物种数据进行 DCA 分析(除趋势对应分析),根据分析结果中排序轴的最长梯度长度(梯度长度<3,应选择线性模型;梯度长度>4,应选择单峰模型)确定选择 RDA 排序方法(Lepš J et al.,2003)。

RDA 排序是一种直接梯度分析方法,其优势体现在能从统计学的角度分析一个或一组变量数据与另一组变量数据之间的关系(周锐 等,2011),并通过排序图直观地显示响应变量与解释变化、解释变量之间的相关关系。RDA 排序的目的是寻找新的变量作为预测期来预测物种(响应变量)分布,RDA 排序的运算过程具体如下:

(1) 设立新变量(假设为第一轴)在第 i 个样方的值为 X_i,则第 k 个物种在第 i 个样方的值可以通过以下公式预测得到:

$$Y_{ik} = b_{0k} + b_{1k}X_i + e_{ik}$$

式中,X_i 表示样方在第一轴的坐标,b_{1k} 表示物种在第一轴的坐标。

(2) 假设有两个实测的环境变量 Z_1 和 Z_2,则新变量 X_i 可以表达为环境变量 Z_1 和 Z_2 的线性组合,即:

$$X_i = C_1 Z_{i1} + C_2 Z_{i2}$$

式中,C_1、C_2 表示环境因子与排序轴之间的相关性。

(3) 将公式(2)代入到公式(1),预测公式变成一个多元多重回归方程组:

$$Y_{ik} = b_{0k} + b_{1k}C_1 z_{i1} + b_{1k}C_2 z_{i2} + e_{ik}$$

式中,$b_{1k}C_j$ 表示多元多重回归模型中的实际回归系数,该系数反映 k 物种属性受到 j 环境因子的影响程度。

RDA 的排序计算结果由分析软件 CANOCO4.5 和作图软件 CANODRAW4.5 实现。

5.3.3 结果分析

1. 环境因子与排序轴之间的相关性分析

RDA 排序计算结果表明,排序轴的总特征值为 0.893,排序轴与物种变量和环境变量之间的相关性显著。第一、二排序轴的特征值分别为 0.694 和 0.198,累计贡献率分别为 77.7% 和 99.9%,这说明前两个排序轴包含了物种变量和环境变量相关关系的绝大部分信息,因此冗余分析方法能较好地解释区域生态系统服务供给、消耗格局与各种驱动因素之间的相关关系。

如表 5-2 所示,环境因子指标与第一、二排序轴呈现明显的相关性。第一排序轴反映的是生态系统服务压力指数、生态系统生态服务能力、生态系统服务消耗能力等物种指标状态,第二排序轴反映的是生态系统服务供给能力指标状态。人均 GDP、单位化肥施用量、有效灌溉比、林地比重、建设用地比重、水域比重与第一排序轴呈显著正相关,第一产业、耕地比重与第一排序轴呈显著负相关。第二排序轴与滩涂湿地比重、未利用地比重呈正相关,与人口密度呈负相关。

表 5 - 2　生态系统服务供给与消耗格局环境因子与排序轴的相关性

指标	第一排序轴	第二排序轴	指标	第一排序轴	第二排序轴
人均 GDP	0.597 * *	0.141	耕地比重	−0.729 * *	0.472 *
第一产业比重	−0.552 *	−0.360	林地比重	0.510 *	0.082
第二产业比重	0.354	0.312	建设用地比重	0.580 * *	0.032
第三产业比重	0.408	0.164	水域比重	0.522 *	−0.227
人口密度	0.240	0.305	滩涂湿地比重	0.316	−0.630 * *
单位化肥施用量	0.486 *	0.078	未利用地比重	0.038	−0.226
有效灌溉比	0.501 *	0.074	耕地复种指数	0.259	0.065
			粮食单产水平	−0.446	0.152

注:* $p=0.05$,* * $p=0.01$

2. RDA 分析结果

RDA 分析结果以二维排序图的形式直观反映分析样本、物种变量和环境变量
之间的关系(图 5 - 5)。排序图中圆圈代表江苏沿海地区 19 个行政区划单位,圆圈
之间的距离表示各县(区)之间生态系统服务供给与消耗格局的相似性;空心箭头
线段表示江苏沿海地区 4 个生态系统服务供给与消耗格局指标,实心箭头线段表

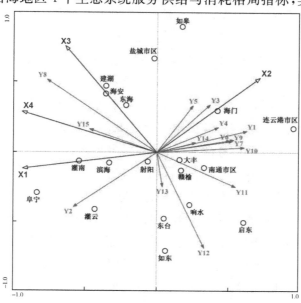

图 5 - 5　江苏沿海地区 19 个县(区)生态系统服务供给与消耗格局 RDA 二维排序图

示环境因子指标,箭头之间的夹角表示指标之间的相关关系。该排序图是对物种变量、分析样本以及环境变量之间的关系的综合反映。据此可以分析江苏沿海地区生态系统服务供给与消耗格局的空间分异特征以及各项环境因子指标对于生态系统服务供给与消耗的影响。

（1）物种变量——生态系统服务供给与消耗格局指标排序分析

如图5-5所示,生态系统服务压力指数指标 X1 与生态服务能力指标 X2 相关性最大,呈负相关关系,这说明江苏沿海地区生态系统服务压力指数越大的地区,生态服务能力相对较低;生态系统服务供给水平指标 X3 与消耗水平指标 X4 相关性较大,呈正相关关系;生态系统服务压力指数 X1 与生态系统服务消耗水平 X4之间的相关性要比其与生态系统服务供给水平 X3 的相关性大;而生态系统生态服务能力 X2 与生态系统服务的供给水平 X3 及消耗水平 X4 的相关性不明显。说明江苏沿海地区生态系统服务供给水平越高的区域,消耗水平相对也越高;同时生态系统服务消耗水平越高的地区,生态系统服务压力指数也越大。

（2）分析样本——19 个县（区）排序分析

从图5-5可以看出,江苏沿海地区生态系统服务供给与消耗格局具有明显的区域差异。根据 19 个行政区划单元的排序结果,可以将区域生态系统服务供给与消耗格局在空间上的分布划分为四类,位于第一象限的连云港市区、如皋市、海门市为一类,与生态系统生态服务能力指标在同一象限内,说明这三个地区生态服务能力较高;位于第二象限的盐城市区、建湖县、海安县、东海县为一类,与生态系统服务供给与消耗能力指标在同一象限内,说明这四个地区的生态系统服务供给与消耗能力均较高;位于第三象限的灌南县、灌云县、射阳县、阜宁县、滨海县为一类,与生态系统服务压力指数指标在同一象限,说明这五个地区生态系统服务压力指数均较大;位于第四象限的赣榆区、响水县、大丰区、东台市、如东县、启东市、南通市区为一类,与生态系统服务供给与消耗能力指标所在第一二象限关于圆心对称,说明这七个地区生态系统服务供给与消耗能力相对较低。

（3）环境变量——各驱动因子指标相关分析

不同驱动因子指标对生态系统服务供给与消耗格局的影响程度和方向是不同的。如图5-5所示,根据驱动因子影响的方向,可以将各驱动因子指标划分为四类,一是区域经济发展程度与农业投入水平因素,包括人均 GDP、第三产业比重、单位化肥施用量、有效灌溉比、林地比重、建设用地比重、水域比重、耕地复种指数等指标,位于第一、四象限第一排序轴附近;二是农业发展因素,包括耕地比重、粮食单产水平、第一产业比重等指标,位于第二、三象限第一排序轴附近;三是沿海滩涂围垦因素,包括滩涂湿地比重、未利用地比重等指标,位于第四象限第二排序轴附近;四是人口产业聚集因素,包括人口密度、第二产业比重等指标,位于第一象限第二排序轴附近。

以上所述驱动因素之间相互作用,共同影响区域生态系统服务供给与消耗格局,但各个驱动因素的影响方向和程度有所差异。

生态系统服务供给能力与耕地比重、粮食单产水平呈正相关关系,与滩涂湿地比重、未利用地比重、水域比重呈负相关关系,说明江苏沿海地区生态系统服务供给与区域土地利用结构具有明显的相关性。由于耕地 NPP 供给水平高于滩涂湿地、未利用地的 NPP 供给平均水平,因此耕地比重越高、滩涂湿地与未利用地比重越低,区域 NPP 供给水平越高,区域生态系统服务供给能力越强。

生态系统服务消耗能力与耕地单产水平、耕地比重呈正相关关系,与区域经济发展程度与农业投入水平等因素呈负相关关系。由于与生态系统服务供给能力指标处于同一象限,因此两者正向驱动因子较为相似。这反映出江苏沿海地区耕地比重与粮食单产水平较高的地区,生态系统服务供给与消耗能力均较高。

生态系统服务压力指数与第一产业比重、粮食单产水平呈正相关关系,与区域经济发展程度、农业投入水平等因素呈负相关关系。这说明第一产业比重和粮食单产水平越低,经济发展水平和农业投入水平越高,那么区域生态系统服务压力指标相对较低。

生态系统生态服务能力与区域经济发展程度、农业投入水平、人口产业聚集等因素呈正相关关系,与第一产业比重呈负相关关系,与耕地比重、滩涂湿地比重、未利用地比重等相关性不明显。

5.4　生态系统服务供给与消耗分区研究

5.4.1　分区依据

从生态系统服务供给能力、生态系统服务消耗能力、生态系统服务压力指数、生态系统生态服务能力等 4 项指标来看,江苏沿海地区生态系统服务供给与消耗格局具有明显的区域差异。部分地区生态系统服务供给能力处于较高水平,而生态系统服务消耗能力处于较低水平,如如皋市等;部分地区生态系统服务供给能力处于较高水平,生态系统服务消耗能力也处于较高水平,如盐城市区等,反映出生态系统服务供给与消耗的空间异质性。本文根据上述 4 项生态系统服务供给与消耗格局指标,并考虑区域环境因子特征,对江苏沿海地区生态系统服务供给与消耗格局特征进行综合评价,将其划分为不同类型区域。

5.4.2 分区结果

本文根据以上 4 项生态系统服务供给与消耗格局指标,以县级行政单位为基本单元,运用系统聚类分析方法,对江苏沿海地区 19 个县(区)进行综合分区。如图 5 - 6 所示,在划分为六大类情况下,赣榆区、南通市区、大丰区、响水县、如东县、射阳县、启东市为一类;灌云县、东台市为一类;盐城市区、海安县、东海县、滨海县、建湖县为一类;灌南县、阜宁县为一类;连云港市区、海门市为一类;如皋市单独为一类。

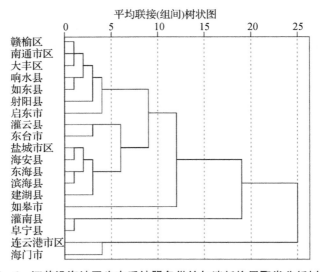

图 5 - 6 江苏沿海地区生态系统服务供给与消耗格局聚类分析树状图

结合 RDA 排序分析结果,将生态系统服务与供给格局环境因子指标的影响考虑进来,对上述聚类分析结果进行适当调整,划分为 5 大类区域,体现不同区域生态系统服务供给与消耗格局及其外部环境特征的空间差异性。最终分区结果如表 5 - 3 所示。

由以上分区结果所示,第 1 类地区生态系统服务供给与消耗格局特征表现为生态系统服务压力指数高,对应的环境特征是经济发展水平相对较低、耕地比重以及粮食单产水平相对较高;第 2 类地区生态系统服务供给与消耗格局特征表现为生态系统生态服务能力处于高水平,对应的环境特征是经济发展水平以及人口产业聚集度相对较高,而第一产业比重相对较低;第 3 类地区生态系统服务供给与消耗格局特征表现为生态系统服务供给与消耗能力均处于高水平,对应的环境特征

表 5 - 3　江苏沿海地区生态系统服务供给与消耗分区结果

分区类型	行政区域	格局特征	环境特征
第 1 类	灌云县、灌南县、阜宁县、建湖县	PI>0.7	经济发展水平较低;耕地比重高,粮食单产水平较高
第 2 类	连云港市区、如皋市、海门市	NS>300 gC/m²	经济发展水平和人口产业聚集度较高,第一产业比重低
第 3 类	盐城市区、东海县、滨海县、海安县	NPPs > 600 gC/m², NPPc > 400 gC/m², NS >200 gC/m²	耕地比重较高
第 4 类	如东县、启东市	NPPs<500 gC/m², NPPc<300 gC/m²	耕地比重偏低,第二产业比重较高
第 5 类	响水县、赣榆区、射阳县、东台市、大丰区、南通市区	500 gC/m²<NPPs<600 gC/m², 300 gC/m²<NPPc<400 gC/m²	滩涂湿地和未利用地比重相对较高

是耕地比重相对较高;第 4 类地区生态系统服务供给与消耗能力均处于较低水平,对应的环境特征是耕地比重相对较低,第二产业比重较高;第 5 类地区生态系统服务供给与消耗格局特征表现为生态系统服务供给与消耗能力均处于中等水平,对应的环境特征为滩涂湿地和未利用地比重相对较高。

由此反映出江苏沿海地区中第 1 类地区以农产品供给等生产功能为主导;第 2 类地区以支持和调节生态系统等生态功能为主导;第 3 类地区生态系统服务供给与消耗能力以及压力指数均高于第 5 类地区,但两类区域的生态系统生态服务能力水平相当,因此均承担一定的生产功能和生态功能;第 4 类地区生态系统服务供给与消耗能力均处于低水平,因此其生产和生态功能两方面均较弱。

综上所述,江苏沿海地区生态系统服务供给与消耗特征具有明显的空间异质性。在制定区域相关的经济发展政策与规划过程中,应充分考虑区域特征及社会、经济环境差异,进行差别化处理,以促进江苏沿海地区的可持续发展。

5.5　本章小结

本章通过计算生态系统服务压力指数和生态服务能力,定量分析生态系统服务供给与消耗之间的平衡关系;运用 RAD 排序分析方法,对生态系统服务供给与消耗格局的驱动机制进行综合分析。基于生态系统服务供给与消耗格局特征,对

江苏沿海地区各县(区)进行综合分区。主要研究成果如下:

1. 生态系统服务供给与消耗时空格局

江苏沿海地区生态系统服务压力指数从 2000 年的 0.461 增加到 2010 年 0.628,反映人类对生态系统服务的占用程度总体呈不断增加的变化趋势。生态系统生态服务能力从 2000 年的 337.94 gC/m^2 减少到 2010 年的 213.86 gC/m^2,反映生态系统服务净供给能力总体呈不断降低的变化趋势。

对比 2000 年和 2010 年,江苏沿海地区各县(区)的生态系统服务压力指数呈不同程度的增加,其中连云港市区增加幅度最大。

2. 生态系统服务供给与消耗格局驱动机制

运用 RDA 排序分析方法对江苏沿海地区生态系统服务供给与消耗格局的驱动机制进行定量分析。计算结果表明,排序轴的总特征值为 0.893,排序轴与物种变量和环境变量之间的相关性显著。第一、二排序轴累计贡献率高达 99.9%,较好地解释了区域生态系统服务供给和消耗格局与各驱动因子之间的相关关系。具体分析结果如下:

(1)江苏沿海地区生态系统服务压力指数越大的地区,生态服务能力相对较低;生态系统服务供给水平越高的区域,消耗水平相对也越高;生态系统服务消耗水平越高的地区,生态系统服务压力指数越大。

(2)江苏沿海地区生态系统服务供给与消耗格局具有明显的区域差异。根据 19 个行政区划单元的排序结果,可以将区域生态系统服务供给与消耗格局在空间上的分布划分为四类,位于第一象限的连云港市区、如皋市、海门市等地区的生态服务能力较高;位于第二象限的盐城市区、建湖县、海安县、东海县等地区的生态系统服务供给与消耗能力均较高;位于第三象限的灌南县、灌云县、射阳县、阜宁县、滨海县等地区的生态系统服务压力指数较大;位于第四象限的赣榆区、响水县、大丰区、东台市、如东县、启东市、南通市区等地区的生态系统服务供给与消耗能力相对较低。

(3)江苏沿海地区生态系统服务供给与消耗格局受到各种驱动因子的综合作用,但各驱动因子的影响方向和程度具有一定的差异性。排序结果表明,生态系统服务供给能力指标与耕地比重、粮食单产水平呈正相关关系,与滩涂湿地比重、未利用地比重、水域比重呈负相关关系,表现出与区域土地利用结构明显的相关性;生态系统服务消耗能力与耕地单产水平、耕地比重呈正相关关系,其与生态系统服务供给能力正向驱动因子相一致,反映出江苏沿海地区耕地比重与粮食单产水平较高地区,生态系统服务供给与消耗能力均较高;生态系统服务压力指数与第一产业比重、粮食单产水平呈正相关关系,与区域经济发展程度、农业投入水平等因素呈负相关关系;生态系统生态服务能力与区域经济发展程度、农业投入水平、人口产业聚集等因素呈正相关关系,与第一产业比重呈负相关关系,反映出江苏沿海地区生态系统服务能力较高的区域集中于经济发展水平较高、人口密度较大、第二产业相对较发达地区。

3. 生态系统服务供给与消耗分区

根据生态系统服务供给能力、生态系统服务消耗能力、生态系统服务压力指数、生态系统生态服务能力等 4 项生态系统服务供给与消耗格局指标,将江苏沿海地区划分为 5 类,识别对应的生态系统服务供给与消耗格局与社会经济环境特征,以明确不同类别区域生产、生态功能的关系与定位,从而为区域制定经济发展政策与规划提供支撑。

第6章 江苏沿海地区滩涂围垦的生态系统服务响应研究

6.1 沿海滩涂资源概况

6.1.1 沿海滩涂资源的形成与演变过程

江苏省沿海滩涂的演变,与古黄河、长江三角洲的发育历史密切相关。1128年黄河夺淮后,由黄河带来的大量泥沙从苏北沿海入海,促进滩涂不断淤涨,形成广阔的废黄河三角洲和滨海平原,至1855年,黄河口向东推进约90 km;1855年黄河北归后,苏北泥沙来源骤然减少,废黄河三角洲开始侵蚀后退,直到20世纪80年代开始采取海岸防护工程措施,岸线才基本稳定下来(陈洪全,2006)。由于黄河北归、长江口南迁,江苏海岸形成封闭的泥沙系统,海岸动态变化逐渐趋缓。当前江苏沿海滩涂演变主要呈现出以下特点:

1. 侵蚀岸段后退速度逐渐放缓

侵蚀岸段的中心部位废黄河口(滨海县),低潮位线的后退速度逐年下降,已由20世纪50年代50 m/a下降到目前的30 m/a左右,由于护岸保滩工程的实施和加固,海岸后退基本得到控制。废黄河口两侧的双洋港、灌河口岸段的侵蚀强度不断衰减,贝壳沙堤的堆积长期稳定。

2. 淤长岸段自然淤积强度减弱,生物和工程等人为促淤强度增加

由于泥沙来源的减少,淤长岸段总体淤积强度不断减弱。但因受到生物、工程等人为因素作用,淤积强度持续增加。一方面,由于平均高潮线附近互花米草的大面积生长繁衍,拦截涨潮流带来的泥沙,这种生物促淤作用,使得平均高潮线持续向海移动,潮上带面积不断扩大。另一方面,在平均高潮位线附近进行起围,会在短时间内改变潮滩的淤蚀状况,促使堤前滩地迅速淤高,淤积带逐渐外移。在围垦和互花米草的综合作用下,平均高潮线向海移动速度增长更为明显。许多新围垦区的外侧滩面的淤涨速度均远超过围垦前的正常淤涨速度。

6.1.2　沿海滩涂资源构成与分布

1. 土地资源

根据 2008 年江苏近海海洋综合调查与评价(国家 908 专项江苏部分)资料统计,江苏滩涂资源总面积 5 002 km²,约占全国滩涂总面积的 1/4,占江苏省土地总面积的 4.69%。江苏滩涂资源主要集中在潮间带和辐射沙洲,其中潮上带滩涂面积为 307.47 km²,占滩涂总面积的 6.15%;潮间带滩涂面积 2 676.67 km²,占滩涂总面积的 53.51%;辐射沙脊群理论最低潮面以上面积 2 017.53 km²,占滩涂总面积的 40.34%(图 6－1)。

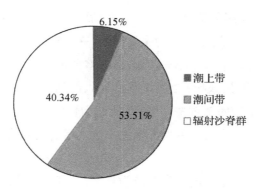

图 6－1　江苏沿海滩涂资源构成

连云港市沿海潮上带滩涂面积 0.47 km²,潮间带面积 194.73 km²;盐城市(不包括辐射沙脊群)沿海潮上带滩涂面积 267.33 km²,潮间带面积 1 139.93 km²;南通市(不包括辐射沙脊群)沿海潮上带滩涂面积 39.67 km²,潮间带面积 1 342.00 km²。由表 6－1 可知,江苏沿海滩涂资源主要分布在盐城市和南通市,占滩涂总面积的 93.46%;其中滩涂资源潮上带主要分布在盐城市,占滩涂潮上带总面积的 86.95%。

表 6－1　江苏滩涂资源分布情况

地区	潮上带		潮间带		滩涂总面积 (不含辐射沙脊群)	
	面积/km²	比例/%	面积/km²	比例/%	面积/km²	比例/%
连云港	0.47	0.15	194.73	7.28	195.20	6.54
盐城	267.33	86.95	1 139.93	42.59	1 407.27	47.16
南通	39.67	12.90	1 342.00	50.14	1 381.67	46.30
江苏	307.47	100	2 676.67	100	2 984.13	100

由于各个岸段的宽度、土质、潮位、海岸冲淤动态和社会条件不同,各个岸段的土地利用的适宜性也就不同。根据江苏省海岸带和海涂资源综合考察队的调查结论,江苏省北段(绣针河口—扁担港口)盐业生产的适宜性较好,滩涂养殖业的适宜性各岸段有好有差,不宜围垦为农业和牧业;中段(扁担港口—小洋口)围垦和牧业适宜性好,农业生产条件较好,滩涂养殖业有好有差,不适宜盐业生产;南段(小洋口—连兴港口)农业和滩涂养殖业条件较好,围垦条件差,盐业和牧业生产的适宜性较差(孟尔君 等,2010)。

2. 水产资源

江苏省水产自然资源种类繁多,数量丰富,形成了吕四、大沙、海州湾和长江口四大渔场。江苏海洋水产资源丰富的主要原因,一是外海渔场的水温、盐度结构的水平分布、垂直分布和季节分布差异较大,形成多种鱼虾产卵、索饵场和越冬场,非常有利于海洋水产资源的繁衍;二是江苏沿海入海河流多,径流携带丰富的营养盐,为近海浮游生物大量繁殖创造了条件,从而为鱼虾蟹贝等提供了充足的饵料;三是浅海、潮间带水域的人工引种增养殖进一步丰富了资源的种类和数量。

3. 港航资源

江苏海岸类型多样,港口航道资源较为丰富,有着广阔的开发前景。较长时期以来,江苏海岸线上除连云港外,盐城、南通均缺乏大型的深水港。前期研究发现,在江苏沿海地区北部、中部和南部均发现不少有待进一步开发的深水港址,其中北部深水区离岸较近的有废黄河口的中山港,中部有大丰港,南部有吕四港、洋口港等,这些港口资源多处在辐射沙洲内缘,受辐射沙洲掩护,在潮流作用下形成较为稳定的深水条件,成为大型的优良港址(许勇,2005;孟尔君 等,2010)。

4. 生物资源

江苏沿海滩涂生物资源主要包括植物资源和陆地动物资源。江苏海岸线较长,海岸类型齐全,植物生境条件差异大,因此植物种类多,加上人们长期开放引种活动,植物类型相当丰富,按经济用途可分为药用植物、纤维植物、香料植物、油脂及树脂植物、饲草植物五大类(孟尔君 等,2010)。同时,沿海浅滩、草滩、芦苇滩、河流港汊、盐场水库、海岸防护林等各种生态环境,为陆地脊椎动物提供了栖息和繁衍条件。相比之下,鸟类资源最为丰富,其中56%以上是食虫和食肉鸟种,大都是农林牧渔业的害虫及其病毒的天敌。此外,还有国家一级保护动物9种,二级保护动物29种。

6.2　沿海滩涂围垦开发利用现状

6.2.1　沿海滩涂围垦开发利用历史

　　江苏滩涂资源围垦开发利用由来已久,经历了由简单到复杂、由单一到多样的长期演变过程,大致可以划分为三个阶段。第一个阶段是从11世纪范公堤修筑到19世纪张謇倡导垦殖前,该时期围垦开发利用方式以盐场、农田为主。第二个阶段是从19世纪张謇倡导垦殖到新中国成立。此时期张謇组织发动成立了垦殖和盐垦公司40多个,淮南垦区总面积约166.7万 hm²,已垦地占67.97%。第三个阶段是1949年之后,组织了三次大规模围垦。第一次是20世纪五六十年代,先后围筑了灌东、新滩、灌西、台南、徐圩、台北等盐场挡潮大堤,1951年如东县率先匡围解放后第一块以农业种植业为主的垦区——老北坎垦区,这一时期形成了江苏沿海十大国营农场、淮北八大盐场、四个劳改农场和三大林场,为江苏现有的农垦、盐业两大集团公司打下了坚实的基础;第二次是20世纪七八十年代,围建了掘东、环港、海防、斗龙、王家谭、新北坎、海丰、渔舍、王港、新东等垦区,这一时期由传统的"匡围—开垦—种植"单一经营粮棉和盐业的开发形式,进入到以粮棉生产和水产养殖为主,农林牧渔盐综合开发的方式,建成一批新的粮棉、林果、畜禽、水产等商品生产和创汇基地;第三次是"九五"期间及以后实施的两轮百万亩滩涂开发工程,建成江苏南通、盐城和淮北商品粮棉基地和沿海港口、电力、工业等工程项目(王艳红 等,2006)。

6.2.2　沿海滩涂围垦现状及其空间分布

　　据统计,1950—2010年江苏沿海地区累计匡围滩涂垦区216个,其中10万亩以上的垦区7个,5万～10万亩的垦区15个,1万～5万亩的垦区79个,1万亩以下的垦区115个(图6-2)。

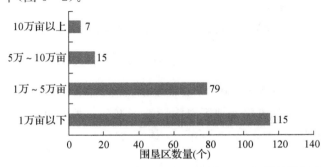

图6-2　1950—2010年江苏沿海地区滩涂围垦区规模的数量分布

如图 6-3 所示,1950—2010 年的 61 年间江苏沿海地区滩涂累计围垦面积达到 2 929.41 km²,年平均围垦面积为 48.02 km²,总体呈现出波动变化趋势。1950—1960 年的 11 年间围垦规模最大,占江苏沿海地区滩涂围垦总规模的 28.65%;1961—1970 年的 10 年间围垦规模降到最低,仅占江苏沿海地区滩涂围垦总规模的 4.59%,围垦速度降到最低点;1971—1980 年围垦规模呈大幅度增加,该时期围垦面积达到 598.97 km²,占江苏沿海地区滩涂围垦总规模的 20.34%;1981—1990 年期间虽然围垦速度有所下降,但围垦面积仍然达到 363.71 km²;随后的 20 年中尤其是 1996 年以来江苏沿海地区年平均围垦面积一直维持在 50 km² 左右,这说明近年来江苏沿海滩涂围垦规模与速度有增无减。

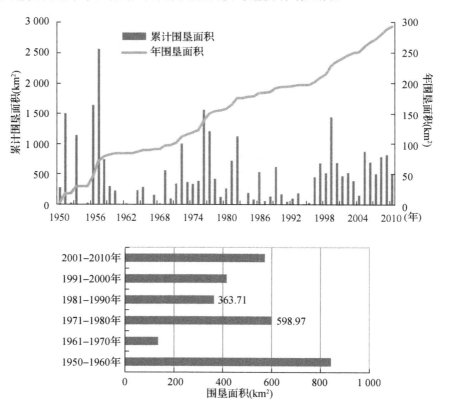

图 6-3 1950—2010 年江苏沿海地区滩涂围垦面积变化趋势图

如图 6-4 所示,江苏沿海地区滩涂围垦区域包括赣榆区、连云区、灌云县、响水县、滨海县、射阳县、大丰区、东台市、海安县、如东县、通州区、海门市、启东市 13 个县(区)。

从地级单元来看,盐城市滩涂围垦区域面积最大,占沿海滩涂累计围垦总面积的58.80%,连云港市和南通市的围垦规模比较接近,所占比重分别为20.46%和20.74%。

从县级单元来看,南通市沿海各个县(区)滩涂围垦规模差异较大,盐城市及连云港市沿海各个县(区)滩涂围垦规模比较均衡,但盐城市整体规模更大。江苏沿海各个县(区)中,围垦规模最大的地区是大丰区,累计围垦面积为608.70 km²,占江苏沿海地区围垦总规模的20.78%,相当于连云港或是南通全市的围垦规模;其次是如东县,累计围垦面积为392.23 km²,占江苏沿海地区围垦总规模的13.39%;滩涂围垦规模最小的地区是海安县和海门市。

综上所述,从累计围垦总规模来看,1950—2010年江苏沿海地区滩涂围垦区域集中在大丰区、如东县、射阳县、东台市等地区,占累计围垦总规模的57.50%。

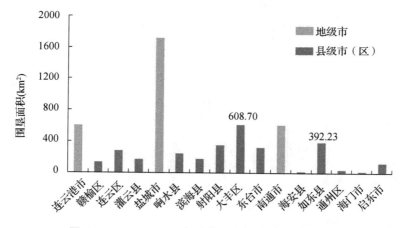

图 6 - 4 1950—2010 年江苏沿海滩涂围垦区域分布

以10年为统计时段,将1950—2010年江苏沿海地区滩涂围垦区域划分为六个时段(图6-5)。从不同围垦年限的滩涂围垦空间分布来看,1950—1960年时段垦区集中分布于连云港沿海各县区以及盐城响水县和滨海县;1961—1970年时段由于围垦规模较小,该时期的垦区主要零散分布于南通沿海各县区以及盐城射阳县;1971—1980年时段垦区较为集中分布于盐城大丰区、滨海县以及南通东台市、如东县;1981—1990年时段垦区多分布在盐城和南通如东县;1991—2000年时段垦区主要分布于盐城大丰区、东台市以及南通如东县;2001—2010年时段垦区主要分布在盐城射阳县、大丰区、东台市以及南通沿海各县区。

如上所述,江苏沿海地区滩涂围垦活动在空间上呈现出由北向南逐渐推移的变化特征。北部连云港市滩涂围垦区的围垦年限大多较早,集中于 1950—1960 年时期;中部盐城市以废黄河口为界,响水县、滨海县滩涂围垦区的围垦年限大多集中于 1950—1980 年,射阳县、大丰区、东台市滩涂围垦区的围垦年限大多为 1980 年以后;南部南通市围垦区主要集中分布于如东县,围垦年限为 1991 年后。江苏沿海地区近 10 年围垦活动主要集中于大丰区、东台市、如东县、启东市等地,其中大丰区、东台市滩涂围垦开发利用方式以养殖水面为主,如东县滩涂围垦开发利用方式以建设用地为主。

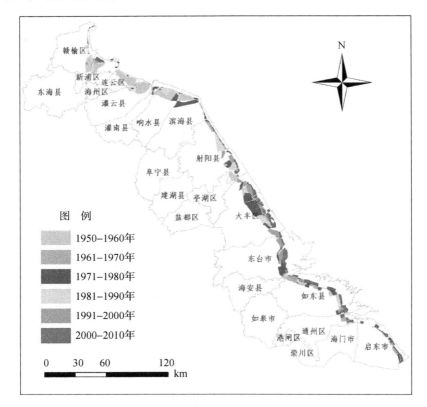

扫码看彩图

图 6 - 5　江苏沿海地区不同围垦年限下滩涂围垦区的空间分布

6.2.3　沿海滩涂围垦的主要开发利用方式

江苏沿海滩涂资源丰富,围垦历史悠久,经历了以兴海煮盐、垦荒植棉、围海养殖、临港工业等为主要利用方式的多个阶段(陈君 等,2011)。目前主要的开发利用方式有:农作物种植、淡水养殖、海水养殖、近海捕捞、港口运输和工业区建设、盐业和海洋化工开发、滨海旅游、海洋能利用和林网/芦苇/草地建设,涉及三大产业

的农、林、渔、化工、旅游、能源、交通等行业部门(王芳 等,2009),已形成了大规模
粮棉生产基地、海淡水养殖基地和盐业生产基地。至 2010 年已开发利用面积占围
垦区总规模的 95.9%。其中农业种植业面积占 30%,水产养殖面积占 31%,盐业
面积占 7.7%;林业及其他用地面积占 27.2%,未利用或利用水平很低土地面积
(为近两年新匡围区域)占 5.8%。因此,从江苏沿海地区整体来看,滩涂开发利用
以种植和水产养殖为主,占滩涂开发利用总面积的 60% 以上。

从各市来看,其滩涂开发利用情况如下:(1) 连云港市滩涂围垦开发利用方式
以海水养殖业和盐业为主,占滩涂开发利用总面积的 56%。其中盐业主要分布在
连云区,占全市的 60% 以上;海水养殖业均衡分布于赣榆区、连云区及灌云县。其
次为种植业,主要分布在灌云县,占全市的 60% 以上。(2) 盐城市滩涂围垦开发利
用方式以种植业和淡水养殖业为主,占滩涂开发利用总面积的 60% 以上。其中种
植业主要分布在大丰区和东台市,占全市的 70% 以上;淡水养殖业主要分布在大
丰区和射阳县,约占全市的 90%。其次为盐业和海水养殖业,其中盐业主要分布
在响水县和滨海县,占全市的 85% 以上。(3) 南通市滩涂围垦开发利用方式以种
植业为主,占滩涂开发利用总面积的 50% 以上。种植业主要分布在如东县,占全
市的 70% 以上。

6.2.4　江苏沿海滩涂资源开发利用过程中产生的问题

江苏滩涂资源开发利用一定程度上促进了地方社会经济发展。但过热的开发
往往带有一定盲目性,在社会、经济与生态环境等方面存在诸多问题。由于部分开
发缺乏整体规划和统一领导、盲目追求近期经济效益,致使滩涂开发强度过大、粗
放利用、措施不科学,忽视了滩涂环境的保护,造成滩涂海岸侵蚀、土壤沙化碱化、
污染加剧、生态环境恶化,尤其是滥捕滥采、采石挖砂等破坏活动导致滩涂资源迅
速减少,生态效益和经济效益无法协调,造成滩涂资源的浪费甚至是退化消失,阻
碍滩涂经济的可持续发展。

1. 滩涂资源开发利用层次较低,缺乏产业规模化效应

江苏沿海滩涂开发利用多数为低层次开发,效益不高,据统计,2008 年滩涂区
域粮食单产 376 kg/亩,是江苏省粮食单产平均水平的 86.18%。垦区开发利用水
平整体不高,产业规模较小。一是体现在开发利用方向单一,开发利用程度较低。
在已开发利用的滩涂中,仍以种植业和海(淡)水养殖业为主要方式,大多数为中低
产田、低标准鱼虾池和低产盐田。二是体现在产业发育程度不高,经营层次较低。
滩涂开发中的产品加工仍处于起步阶段,以生产原料及初级产品为主,产业链较

短,产品附加值不高,如盐城市基本是传统种养业,产品以销售原料为主,初级产品多,深加工产品少,产品附加值低,从而影响整体效益的提高。三是体现在沿海滩涂垦区开发方向往往取决于投资者,难以形成规模效应,极大抑制了滩涂经济向纵深发展。而科技、资金投入机制的缺位是导致滩涂资源低层次开发的主要原因。

2. 滩涂围垦开发主体多而无序,缺乏资源综合管理

为推进滩涂围垦开发,鼓励多元化主体参与到滩涂围垦与开发利用中,但由于滩涂综合性规划的缺位以及管理上职责不明,以致出现"自围自管、各自为政"的现象。这样不便于垦区基础设施的统一配套,造成垦区规模小、布局散乱无序,难以实现滩涂开发利用整体效益。同时,滩涂地区富集了土地、港口、盐业、矿产与海洋能等多项自然资源,其土地利用具有多宜性,但我国当前沿海滩涂开发利用往往忽视滩涂资源的综合利用,产业发展盲目性较大,缺乏长远规划。

3. 涉海行业之间矛盾冲突不断,缺乏统一协调管理

随着海洋经济的不断发展,各行业对围垦土地的需求逐渐增大,滩涂围垦会对涉海行业的发展产生影响,同时各涉海行业之间也会因此产生相互影响,由于协调管理机制的缺位,导致行业矛盾不断,不利于滩涂围垦后的合理开发利用。滩涂围垦对各行业的影响主要体现在:(1)渔业方面,一是对海洋捕捞业的影响;二是对围海养殖业的影响,占用养殖业发展空间,改变水动力条件,改变养殖环境。如果对围垦开发不加控制,其长期后果会降低海洋空间资源价值,造成渔业损害,反过来影响围垦项目的开发成效。(2)盐业方面,一是限制和挤占了盐业发展空间;二是港口和工业区建设后,因废弃物排放造成附近海域水质标准下降,影响盐业的取水环境。(3)航运方面,滩涂围垦一般在浅海海岸带进行,其对水文及潮汐的改变往往会影响到航运。(4)旅游业方面,使旅游岸线资源日趋短缺,引发的岸线冲淤变化,对旅游资源品质造成负面影响,同时降低附近海域水质标准,影响滨海旅游环境。(5)沿海地区产业发展与自然保护区之间存在冲突。不少地方由于片面强调滩涂开发的重要性,致使保护区的缓冲区和试验区的围垦开发活动从未停止过,对自然保护区造成严重破坏。

4. 滩涂围垦导致渔民"失海"现象,缺乏渔民补偿途径

滩涂围垦占用的是海域滩涂资源,而这个区域也是传统渔民捕捞、养殖的生产场所。围垦活动的实施经常导致渔民和海域使用者、政府之间产生矛盾。从渔民角度看,海域、滩涂是他们进行渔业生产的基本保障,海域使用者侵犯了他们的传统权益,要参照农民土地补偿的模式给予渔民相应的经济补偿;而从海域使用权人

角度看,其在履行完法定申请审批程序,按规定缴纳海域使用金后合法取得海域使用权,不存在向渔民进行补偿的义务。产生上述矛盾的根源在于我国海域使用权与渔业权之间的矛盾。《中华人民共和国海域使用管理法》(简称《海域使用管理法》)中明确规定海域属于国家所有,持续使用特定海域三个月以上的排他性用海活动,适用本法。渔业活动包括养殖和捕捞,由于捕捞用海不是一种排他性用海行为,《海域使用管理法》不适用于捕捞用海这一渔业活动。渔民从事渔业捕捞作业的海域滩涂,虽然世代使用,但渔民对其不拥有法律承认的海域所有权和海域使用权(这不同于农民集体对农业用地所拥有的土地所有权和使用权),因此渔民索要补偿按照现有法律规定似乎没有充分依据。

5. 近岸海域生态系统遭受污染,缺乏防治响应机制

沿海地区由于受到人类生产和生活行为的影响,沿岸生产生活污水的排放、入海河流携带污染物以及滩涂养殖造成的富营养化等环境污染状况不断发生,从而导致海洋环境质量的不断恶化。主要表现为:(1) 随着沿海城市生活污水和工业废水排放量的不断增加,入海河流水质呈恶化趋势,如盐城市主要入海河流水质已由 20 世纪 90 年代初的三类水质下降到现在的四类水质。(2) 江苏省大多数海岸是淤泥质海岸,坡度平缓,海水稀释能力较差,对污染物的自然降解能力较差,环境容量小。由于滩涂过度开发,水产养殖面积急剧扩大,养殖业污水排放量也迅速增加,造成近海水源的富营养化,超出了海洋的自净能力,导致近岸水质污染严重。

6. 滩涂原有生态系统遭受破坏,缺乏生态恢复机制

滩涂生态系统对生态环境变化的特征反映具有先导作用。人类对滩涂的不合理开发利用,会导致滩涂生态系统失衡。因滩涂的不充分利用,因而不能形成新的稳定的生态系统,而原有的生态系统又被破坏,从而降低了滩涂生态系统的稳定性和生产力。主要表现在:(1) 围垦施工及围垦后的开发利用,产生的噪声、废气、废水、扬尘等污染会破坏附近地区的自然生态环境,对保护区内鸟类的迁徙、栖息、觅食等习性有一定的影响,可能会造成濒危、稀有生物栖息地面积压缩,活动范围减小。例如,随着沿海滩涂水产养殖面积的不断扩大,沿海苇滩面积呈逐年缩小趋势,缩小和改变了生物的生存空间,导致生物物种和数量减少,破坏生态平衡。(2) 盲目引进外来物种带来生态灾难。例如,一些外来植物物种如大米草、水葫芦等对生物多样性构成威胁,大米草在沿海迅速繁衍,虽然起到了护岸、促淤、保滩等作用,但由于其根系发达,使得贝类等底栖生物数量减少,同时造成近海水质富营养化。

6.3 滩涂围垦对区域生态系统服务的响应

6.3.1 沿海滩涂围垦区采样调查与分析

滩涂围垦区是江苏沿海地区土地利用活跃度最高的区域,同时也是土地利用变化对生态系统服务影响程度最大的区域。为进一步揭示区域生态系统服务对滩涂围垦活动的响应过程,对江苏沿海滩涂围垦区进行实地调查与采样,利用实测数据分析了垦区土地利用属性特征。

如东县是江苏沿海地区滩涂围垦活动开展最早、规模较大的地区之一,1951年以来累计围垦面积约为 4 万 km² (图 6-6),占南通全市累计围垦总面积的65%。近十几年来,早期开展围垦活动较多的赣榆区、响水县等县(区)围垦活动越来越少,而如东县围垦活动不断增加。因此以如东县滩涂围垦区为实地调查采样地点,具有一定典型性和代表性。

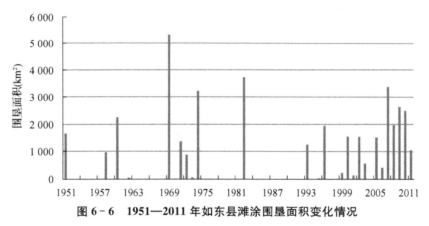

图 6-6　1951—2011 年如东县滩涂围垦面积变化情况

本研究分别在 2011 年 8 月和 2012 年 9 月对南通市如东县滩涂围垦区进行两次土壤采样。如东县主要景观及土壤采样现场情况见图 6-7 所示。

土壤样品采集方法是按照土地利用方式和围垦年限进行表层样和剖面样采集,其中,土壤表层样采集深度为 0~20 cm;土壤剖面样采集深度为 1 m,按照 0~20 cm,20~40 cm,40~60 cm,60~80 cm,80~100 cm 五个层次进行取样。土壤样品采集地点设在如东县 6 个不同围垦年限垦区,即老北坎垦区(61a)、洋东垦区(52a)、新北坎垦区(38a)、东凌垦区(30a)、凌洋垦区(16a)和豫东垦区(10a)。2011年 8 月共采集 90 个样点,其中 56 个表层样点,34 个剖面样点;2012 年 9 月共采集86 个剖面样点。运用手持式 GPS 定位器确定每个样点的经纬度坐标,样点分布如

图 6 - 8 所示。

图 6 - 7　南通市如东县围垦区主要景观及土壤采样现场情况

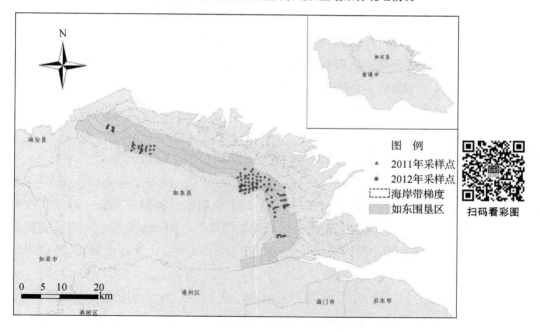

图 6 - 8　江苏沿海滩涂围垦区土壤采样点分布图

土壤样点测试指标主要分为土壤物理性质和化学性质两方面。其中土壤物理性质指标包括土壤容重、土壤含水量、土壤粒度等;土壤化学性质指标包括土壤盐分含量以及土壤有机质、氮、磷、钾等土壤肥力指标,具体测定方法如表6-2所示。

表6-2　土壤采集样品测试指标与测定方法

测试类型	测试指标	测定方法
土壤肥力	有机质	重铬酸钾容量法
	全氮	高氯酸-硫酸消化法
	有效氮	碱解蒸馏法
	全钾、有效钾	火焰光度计法
	全磷、有效磷	钼锑抗比色法
土壤盐分	钾离子、钠离子	火焰光度计法
	钙离子、镁离子、硫酸根离子	EDTA络合滴定法
	氯离子	硝酸根滴定法
	碳酸根离子、碳酸氢根离子	双指示剂滴定法

研究表明,滩涂围垦区土壤盐分含量具有显著的陆海梯度特征,随着陆海距离和围垦年限的增加,土壤盐分呈逐渐下降的趋势,沿海滩涂围垦开发20年后土壤盐分出现快速下降,可以满足基本农耕需求(张润森,2012)。

本文选取了土壤有机质这一反映土壤肥力的重要指标作为分析对象,分别提取滩涂围垦区土地利用结构和土壤有机质等土地利用属性数据,分析不同围垦年限下土地利用结构、土壤有机质与NPP之间的影响关系,以反映滩涂围垦对生态系统服务的影响过程。

6.3.2　沿海滩涂围垦区围垦年限与土地利用结构的关系

如图6-9所示,1950—1960年时段的垦区由于土地利用方式以盐业为主,土地利用类型中建设用地占绝大部分比例,其土地利用结构特征明显区别于其他围垦时段。其他时段围垦区的土地利用结构随围垦年限的增加呈现出一定的变化规律,表现为土地利用中耕地所占比重逐渐增加,水域所占比重逐渐减少,建设用地所占比重相对较为稳定。

通过比较2000年和2010年不同围垦时段下垦区土地利用结构可以发现,围垦年限在1990以前的围垦区的土地利用结构基本趋于稳定,除耕地比重略有提升外,其他用地类型比重基本保持不变。围垦时段在1991—2000年和2000—2010

年垦区的土地利用结构变化较为剧烈。

在 2000 年时，围垦时段在 1991—2000 年的垦区土地利用类型分布较为均衡，耕地、建设用地、水域、未利用地所占比重分别为 21.35%、12.40%、24.77% 和 25.56%，未利用地所占比例最大，其次为水域和耕地。围垦时段在 2001—2010 年的垦区在该时点尚未围垦，因此土地利用类型仍然是滩涂湿地。

到 2010 年时，围垦时段在 1991—2000 年的垦区的未利用地基本都已开发完全，耕地和水域所占比重大幅度增加，土地利用结构以耕地和水域为主，分别占垦区土地总面积的 40.03% 和 46.26%。而围垦时段在 2001—2010 年的垦区正处于开发初期，由于江苏沿海开发方向朝海岸线南部发展，开发利用方式也从以种植业和养殖业为主逐步向增、扩大工业与港口建设用地转变，因此土地利用结构中建设用地的比重增大，占垦区土地总面积 42.29%，水域及未利用地所占比重分别为 24.29% 和 12.01%，耕地所占比重最小，仅为 7.34%。

综上所述，江苏沿海地区滩涂围垦区土地利用结构在不同围垦时段下呈现出一定的变化规律，表现为：随着围垦年限的增加，土地利用结构趋于稳定。围垦年限 10 年以下垦区土地利用类型一般以水域和未利用地为主，这是由于滩涂围垦开发周期较长，在围垦初期土地处于未开发利用状态；围垦年限在 10～20 年之间的垦区中耕地所占比重会有较大幅度提升；围垦年限超过 20 年以后垦区土地中土地利用结构趋于稳定。由此反映出江苏沿海地区滩涂资源从匡围到开垦成熟基本要经历 20 年的开发周期，这与已有研究结论一致（张润森，2012）。

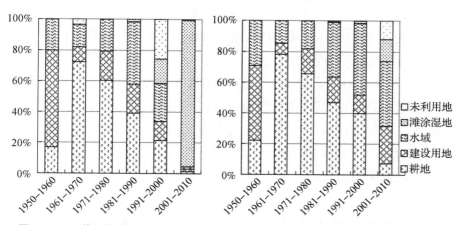

图 6-9 江苏沿海地区 2000 年(左)和 2010 年(右)不同年限围垦区土地利用结构

6.3.3 沿海滩涂围垦区土地利用与生态系统服务供给的关系

1. 滩涂围垦区生态系统服务供给的变化趋势

随着围垦活动的展开,江苏沿海大面积的滩涂湿地转变为水域、耕地、建设用地,以满足地区各类用地的需求。由于不同土地利用类型的 NPP 供给水平具有明显差异,在滩涂湿地向其他各类用地转化的过程中,NPP 供给水平也发生了相应的变化。如图 6-10 所示,2000—2010 年期间江苏沿海滩涂围垦区的 NPP 供给水平从 327.70 gC/m² 增加到 342.16 gC/m²,研究时段内总体呈上升趋势,尤其是 2006 年以后 NPP 供给水平有较大幅度增加。

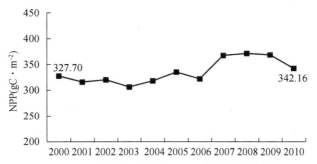

图 6-10 江苏沿海围垦区 NPP 供给变化趋势图

由于 NPP 供给能力的变化过程是受气候条件和滩涂围垦等多种因素综合作用的结果,为剔除气候因素的作用,直观反映滩涂围垦活动引起的土地利用变化对 NPP 供给能力的影响,本文采用“空间代时间”的方法(孙永光,2011),以不同围垦年限围垦区为基本分析单元,从土地利用结构和土壤质量两个方面分析土地利用与生态系统服务供给能力之间的关系。

2. 围垦年限、土地利用结构与生态系统服务供给的关系

(1)围垦年限与生态系统服务供给的关系

以围垦年限为统计单元,对江苏沿海围垦区 1950—2010 年六个围垦时段的 NPP 供给能力的平均水平进行统计。如图 6-11 所示,江苏沿海围垦区的 NPP 供给水平与围垦年限总体呈现正相关关系,即随着围垦年限的增加,NPP 供给水平不断升高。

1950—1960 年围垦区的 NPP 供给水平相对较低,为 236.38 gC/m²,主要是由于该时段的围垦土地利用方式以盐业为主;1961—1970 年围垦区的 NPP 供给水平最高,达到 605.22 gC/m²,1971—1980 年围垦区的 NPP 供给水平为 525.01 gC/m²,

这两个时段的围垦土地利用方式以种植业为主,此外,部分围垦地经过长期脱盐过程,转变为满足基本农耕需求的耕地,其 NPP 供给水平基本达到耕地 NPP 供给水平;1981—1990 年和 1991—2000 年围垦区的 NPP 供给水平为 391. 35 gC/m² 和 341. 39 gC/m²,由于受围垦年限的限制,不适宜直接开发为耕地,该时段的围垦土地利用方式以水产养殖业为主,NPP 供给水平与水域 NPP 供给水平较为一致;2001—2010 年围垦区的 NPP 供给水平最低,为 187. 46 gC/m²,该时段围垦区处于围垦初期,土地利用基本处于未开发状态或正处于农业基础设施配套建设阶段,NPP 供给水平要低于其他种植或养殖用地。

综上所述,江苏沿海地区滩涂围垦区的 NPP 供给水平与围垦年限呈现明显的正相关关系,并受到围垦土地开发利用方式的影响。

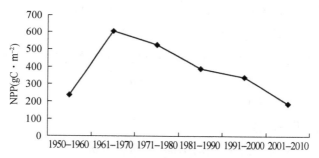

图 6-11　江苏沿海围垦区不同围垦年限下 NPP 变化规律

（2）土地利用结构与生态系统服务供给的关系

滩涂围垦区土地利用结构与围垦年限具有密切的关系,滩涂围垦活动会直接改变沿海地区的土地利用与土地覆被状况,进而影响生态系统服务的供给能力。本文以 NPP 反映垦区生态系统服务供给能力,以耕地比重反映垦区土地利用结构特征,分别以 2000 年和 2010 年的六个不同围垦年限的垦区为分析样本,对耕地比重和 NPP 进行相关性分析,结果如图 6-12 所示。耕地比重与 NPP 供给能力之间存在显著的正相关关系,相关系数 R^2 值均达到 0. 95 以上。由此可根据围垦区土地利用结构特征判断围垦区年限及开发利用状况,进而分析围垦区的生态系统服务的供给能力。

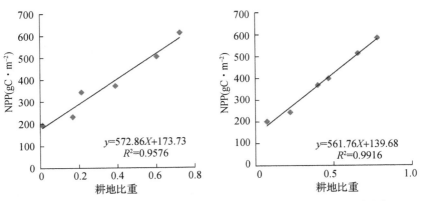

图 6-12　2000 年(左)和 2010 年(右)NPP 与耕地比重的相关性分析

3. 不同围垦年限下土壤有机质与生态系统服务供给的关系

本文采用的实测数据为 2012 年 9 月采集的土壤样品数据,土壤剖面样点 86 个,分布于如东县 6 个不同围垦年限垦区,包括老北坎垦区(61a)、洋东垦区(52a)、新北坎垦区(38a)、东凌垦区(30a)、凌洋垦区(16a)和豫东垦区(10a)。土壤剖面采集深度为 1 m,按照 0~20 cm,20~40 cm,40~60 cm,60~80 cm,80~100 cm五个层次进行取样。

根据图 6-13,随着土层深度的增加,土壤有机质含量呈减少趋势,且不同围垦年限下土壤有机质含量的差异程度逐渐减少。而随着围垦年限的增加,土壤剖面平均有机质含量呈增加趋势。

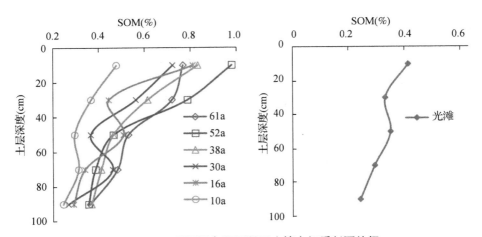

图 6-13　不同围垦年限下垦区土壤有机质剖面特征

根据表 6-3,尚未围垦的光滩区域土壤剖面平均有机质含量(mean)最低,为 0.33%,有机质含量综合变异系数最小,为 0.17;围垦年限 52a 的洋东垦区土壤剖面有机质含量综合变异系数(cv)最大,为 0.41,这主要是由于表层土壤有机质含量受到人为干扰程度较大,且围垦年限较长的垦区受到人类活动的影响也较大。

表 6-3 不同围垦年限下土壤剖面分层有机质含量描述性统计值

围垦年限/a	统计值	各土壤剖面层次有机质含量统计值/%					
		0~20 cm	20~40 cm	40~60 cm	60~80 cm	80~100 cm	0~100 cm
10	mean	0.48	0.37	0.30	0.31	0.24	0.34
	cv	0.39	0.39	0.24	0.46	0.50	0.23
16	mean	0.81	0.44	0.51	0.34	0.29	0.48
	cv	0.28	0.42	0.39	0.36	0.30	0.38
30	mean	0.72	0.56	0.37	0.46	0.27	0.48
	cv	0.26	0.41	0.35	1.02	0.30	0.33
38	mean	0.83	0.61	0.46	0.41	0.35	0.54
	cv	0.49	0.52	0.41	0.39	0.48	0.31
52	mean	0.98	0.79	0.46	0.39	0.36	0.59
	cv	0.27	0.57	0.39	0.36	0.22	0.41
61	mean	0.77	0.72	0.53	0.48	0.36	0.57
	cv	0.26	0.31	0.35	0.29	0.34	0.26
光滩	mean	0.42	0.33	0.30	0.30	0.24	0.33
	cv	0.25	0.30	0.12	0.44	0.30	0.17

人类在围垦开发利用滩涂资源的过程中改变土地利用与土地覆被,同时也对土壤质量产生影响。相关研究表明,随着围垦年限的增加,人类活动强度和活动时间也不断增加,沿海滩涂土壤盐分含量总体呈减少趋势(李鹏 等,2013)。土壤质量的变化必然对生态系统功能以及服务供给能力产生影响。

以如东县不同围垦年限的 6 个垦区为分析样本,提取了如东县 6 个垦区的 NPP 平均值,以 NPP 反映垦区生态系统服务供给能力,以土壤有机质反映垦区土壤质量特征,对土壤有机质与生态系统服务供给能力的相关性进行了分析,结果如图 6-14 所示,土壤有机质与 NPP 供给能力之间存在显著的正相关关系,相关系数 R^2 值达 0.968 8。因此,根据土壤质量状况来判断江苏沿海垦区生态系统服务供给的能力,为滩涂围垦活动的生态系统服务研究提供了一种新的思路。

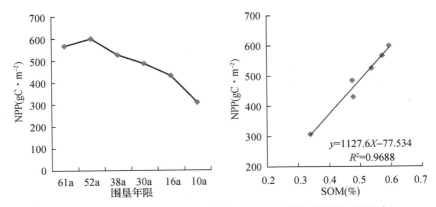

图 6-14　不同围垦年限 NPP(左)与土壤有机质的相关性分析(右)

6.4　本章小结

本章在介绍江苏沿海滩涂围垦开发利用现状的基础上,分析了沿海滩涂不同围垦年限与土地利用结构的关系,并以此为基础从土地利用结构、土壤有机质两方面探讨了与 NPP 供给之间的关系,以反映滩涂围垦对生态系统服务的响应。主要研究成果如下:

1. 沿海滩涂围垦开发利用现状

1950—2010 年的 61 年间江苏沿海地区滩涂累计围垦面积达到 2 929.41 km²,年平均围垦面积为 48.02 km²,近 20 年来江苏沿海滩涂围垦规模与速度进入新一轮增长期,年平均围垦面积一直维持在 50 km²左右。

江苏沿海滩涂围垦区域主要分布在盐城市,占沿海滩涂累计围垦总面积的 58.80%。县级单元中围垦规模最大的是大丰区,占江苏沿海地区围垦总规模的 20.78%,超过连云港和南通两市围垦总规模的一半以上。江苏沿海地区滩涂围垦活动呈现由北向南逐渐推移的变化特征,近十年围垦活动主要集中于大丰区、东台市、如东县、启东市等地。

2. 滩涂围垦对区域生态系统服务的影响

江苏沿海滩涂围垦区是土地利用变化较为剧烈的区域。1950—1960 年时段的垦区土地利用结构特征明显区别于其他围垦时段,土地利用类型中建设用地占绝大部分比例,土地利用方式以盐业为主。其他时段围垦区的土地利用结构随围垦年限的增加呈现出一定的变化规律,表现为土地利用中耕地所占比重逐渐增加,水域所占比重逐渐减少,建设用地所占比重相对较为稳定。

围垦年限 10 年以下垦区土地利用类型一般以水域和未利用地为主;围垦年限在 10~20 年之间的垦区中耕地所占比重会有较大幅度提升;围垦年限超过 20 年以后垦区土地中土地利用结构趋于稳定。江苏沿海地区滩涂资源从匡围到开垦成熟基本要经历 20 年的开发周期。

2000—2010 年期间江苏沿海滩涂围垦区的 NPP 供给水平从 327.70 gC/m² 增加到 342.16 gC/m²,研究时段内总体呈上升趋势,尤其是 2006 年以后 NPP 供给水平有较大幅度增加。江苏沿海滩涂围垦区的 NPP 供给水平与围垦年限总体呈现正相关关系,即随着围垦年限的增加,NPP 供给水平不断升高。

分别在 2011 年 8 月和 2012 年 9 月对南通市如东县滩涂围垦区进行两次土壤采样调查,分析结果显示,随着土层深度的增加,土壤有机质含量呈减少趋势,且不同围垦年限下土壤有机质含量的差异程度逐渐减少。而随着围垦年限的增加,土壤剖面平均有机质含量呈增加趋势。

为剔除气候因素的作用,运用"空间代时间"的方法,分析了滩涂围垦对生态系统服务供给能力的响应。研究发现,耕地比重、土壤有机质与 NPP 供给能力之间均存在显著的正相关关系,可以通过土地利用结构和土壤质量来判断垦区生态系统服务的供给能力。

第7章　结语

7.1　主要研究结论

　　本文在 RS/GIS 技术支持下,综合运用空间分析、CASA 模型、CNPP 估算模型、逐像元统计分析、约束性排序分析等方法,对江苏沿海地区生态系统服务供给与消耗时空格局及其驱动机制进行了系统分析与研究。通过分析土地利用时空动态特征,识别江苏沿海地区的热点区域和活跃土地利用类型,并以净初级生产力为定量化生态系统服务供给和消耗的关键变量,构建了江苏沿海地区生态系统服务供给和消耗评估方法,探讨了江苏沿海地区不同围垦年限垦区 NPP 供给能力与土地利用的关系,分析了滩涂围垦对生态系统服务的影响过程。形成以下结论:

　　(1) 江苏沿海地区土地利用变化呈总体稳定、局部差异明显的特征,沿海地带土地利用活跃度较高。

　　1990—2000 年和 2000—2010 年江苏沿海地区土地利用转移流总量分别为 2 060.24 km² 和 3 000.26 km²,水域、建设用地和耕地分别是转入流和转出流数量最多的土地利用类型。江苏沿海地区土地利用综合活跃度从 1990—2000 年的 5.87% 增加到 2000—2010 年的 8.55%。在沿海开发战略驱动下,江苏沿海三市中心城市扩展和滩涂开发规模、速度不断加快,表现出建设用地增加、滩涂湿地减少的土地利用变化特征。耕地转为建设用地、滩涂湿地转为其他各类用地是江苏沿海地区土地利用转移的关键路径。

　　(2) 江苏沿海地区生态系统服务供给呈波动变化特征,空间上呈现由海向陆 NPP 逐渐增加的分布格局。NPP 供给与气温相关性不明显,与降水的相关性空间差异明显。

　　江苏沿海地区 2000—2010 年生态系统服务供给水平年际变化区间为 574～661 gC/m²,年平均值为 620.40 gC/m²,呈现出波动变化、总体稳定的趋势特征。77% 以上区域的 NPP 波动程度较小,NPP 供给波动程度最大的区域主要分布于沿海岸线地带,与土地利用类型活跃度较高区域相一致。NPP 供给水平与年平均气温的相关性不明显,与降水的相关性表现出明显的区域差异,并表现出过渡性地带特征。

（3）江苏沿海地区生态系统服务消耗呈逐年增加的变化趋势,生态系统服务消耗的区域差异程度以地市内差异为主,并受到土地利用、农业生产条件、社会经济条件等因素综合影响。

江苏沿海地区 2000—2010 年 NPP 消耗总量从 2000 年的 10.12 TgC 增加到 2010 年的 12.62 TgC,总体变化呈上升趋势。稻谷、小麦等粮食作物是江苏沿海地区 NPP 消耗的主要来源。2000—2010 年单位土地面积 NPP 消耗量变化区间为 289.13～360.50 gC/m²,年平均值为 310.67 gC/m²,年平均变化率为 2.35％,总体呈现上升趋势,其中,连云港、盐城市的增长幅度明显大于南通市。

生态系统服务消耗受到土地利用、农业生产条件、社会经济条件等因素综合影响。耕地面积、耕地复种指数、化肥施用量及农田灌溉率等因素通过影响农作物的收获量,进而影响生态系统服务的消耗。经济发展水平、人口密度对生态系统服务消耗影响具有一定的尺度效应。

（4）江苏沿海地区生态系统服务压力指数不断攀升,生态服务能力不断降低,生态系统服务供给与消耗格局及其驱动因素呈现出明显空间差异。

江苏沿海地区生态系统服务压力指数从 2000 年的 0.461 增加到 2010 年的 0.628,人类对生态系统服务的占用程度总体呈增加的变化趋势;生态服务能力从 2000 年的 337.94 gC/m² 减少到 2010 年的 213.86 gC/m²,生态系统服务净供给能力总体呈下降的变化趋势。

以生态系统服务供给能力、消耗能力、压力指数、生态服务能力等 4 项生态系统服务供给与消耗格局为物种变量,以社会经济指标、农业生产条件、土地利用状况等驱动因子为环境变量,运用 RDA 排序法分析生态系统服务供给与消耗格局及其驱动因子之间的空间对应关系。结果表明,排序轴的总特征值为 0.893,排序轴与物种变量和环境变量之间的相关性显著。

（5）江苏沿海滩涂围垦处于增长期,土地利用变化剧烈,区域 NPP 供给能力总体呈增加趋势,耕地比重、土壤有机质等土地利用属性与 NPP 呈显著正相关。

1950—2010 年的 61 年间江苏沿海地区滩涂累计围垦面积达到 2 929.41 km²,近 20 年来江苏沿海滩涂围垦规模与速度进入新一轮增长期,年平均围垦面积一直维持在 50 km² 左右。江苏沿海滩涂围垦区是土地利用变化较为剧烈的区域。围垦年限 10 年以下垦区土地利用类型一般以水域和未利用地为主;围垦年限在 10～20

年之间的垦区中耕地所占比重会有较大幅度提升;围垦年限超过 20 年以后垦区土地中土地利用结构趋于稳定。江苏沿海地区滩涂资源从匡围到开垦成熟基本要经历 20 年的开发周期。

2000—2010 年期间江苏沿海滩涂围垦区的 NPP 供给水平从 327.70 gC/m² 增加到 342.16 gC/m²,研究时段内总体呈上升趋势,NPP 供给水平与围垦年限总体呈现正相关关系。通过对南通市如东县滩涂围垦区进行土壤采样调查,分析结果显示,随着土层深度的增加,土壤有机质含量呈减少趋势;而随着围垦年限的增加,土壤剖面平均有机质含量呈增加趋势。耕地比重、土壤有机质与 NPP 供给能力之间均存在显著的正相关关系,可以通过土地利用结构和土壤质量来判断垦区生态系统服务的供给能力。

7.2　不足与展望

(1)本文生态系统服务消耗仅考虑了农田生态系统,其他土地利用类型如林地、建设用地、草地等同样会产生生态系统服务消耗。如林地砍伐、火灾扰动、城市绿地的修剪、牲畜饲养等,都会引起生态系统服务的消耗,后续应进一步建模分析。

(2)本文重点研究了过去及现状基础上的生态系统服务供给与消耗,并对其时空演变格局及驱动机制进行深入分析。随着全球气候变化的加剧,以及人类活动对生态系统的干扰增强,预测模拟未来场景下的生态系统服务供给与消耗状况对于制定沿海发展规划、指导区域经济发展具有重要的参考意义。后续研究将结合 IPCC(Intergovemental Panel on Climate Change)温室气体排放情景报告,开展未来气候变化情景下的生态系统服务供给与消耗研究。

参考文献

Anderson-Teixeira K J, Delong J P, Fox A M, et al, 2011. Differential responses of production and respiration to temperature and moisture drive the carbon balance across a climatic gradient in New Mexico[J]. Global Change Biology, 17(1): 410 – 424.

Antle J M, Valdivia R O, 2006. Modelling the supply of ecosystem services from agriculture: a minimum-data approach[J]. Australian Journal of Agricultural and Resource Economics, 50(1): 1 – 15.

Bingham G, Bishop R, Brody M, et al, 1995. Issues in ecosystem valuation: improving information for decision making[J]. Ecological economics, 14(2): 73 – 90.

Boyd J, Banzhaf S, 2007. What are ecosystem services? The need for standardized environmental accounting units[J]. Ecological Economics, 63(2): 616 – 626.

Brown J H, Gillooly J F, Allen A P, et al, 2004. Toward a metabolic theory of ecology[J]. Ecology, 85(7): 1771 – 1789.

Bukvareva E, Zamolodchikov D, Kraev G, et al, 2017. Supplied, demanded and consumed ecosystem services: Prospects for national assessment in Russia[J]. Ecological Indicators, 78:351 – 360.

Burkhard B, Kroll F, Nedkov S, et al, 2012. Mapping ecosystem service supply, demand and budgets[J]. Ecological Indicators, 21: 17 – 29.

Chen A, Li R, Wang H, et al, 2015. Quantitative assessment of human appropriation of aboveground net primary production in China [J]. Ecological Modelling, 312: 54 – 60.

Chen J M, Chen W, Liu J, et al, 2000. Annual carbon balance of Canada's forests during 1895—1996 [J]. Global Biogeochemical Cycles, 14(3): 839 - 849.

Chen J M, Deng F, Chen M, 2006. Locally adjusted cubic-spline capping for reconstructing seasonal trajectories of a satellite-derived surface parameter[J]. IEEE Transactions on Geoscience and Remote Sensing, 44(8): 2230 - 2238.

Chisholm R A, 2010. Trade-offs between ecosystem services: Water and carbon in a biodiversity hotspot[J]. Ecological Economics, 69: 1973 - 1987.

Clarke A, Gaston K J, 2006. Climate, energy and diversity[J]. Proceedings of the Royal Society B: Biological Sciences, 273(1599): 2257 - 2266.

Colwell R K, Rahbek C, Gotelli N J, 2004. The Mid-Domain Effect and Species Richness Patterns: What Have We Learned So Far? [J]. The American Naturalist, 163(3): E1 - E23.

Costanza R, Arge Groot R D, Farberk S, et al, 1997. The value of the world's ecosystem services and natural capital[J]. Nature, 387(15), 253 - 260.

Costanza R, Fisher B, Mulder K, et al, 2007. Biodiversity and ecosystem services: A multi-scale empirical study of the relationship between species richness and net primary production[J]. Ecological Economics, 61(2): 478 - 491.

Costanza R, 2008. Ecosystem services: multiple classification systems are needed [J]. Biological Conservation, 141(2): 350 - 352.

Curtis I A, 2004. Valuing ecosystem goods and services: a new approach using a surrogate market and the combination of a multiple criteria analysis and a Delphi panel to assign weights to the attributes[J]. Ecological Economics, 50(3): 163 - 194.

Daily G C, Söderqvist T, Aniyar S, et al, 2000. The value of nature and the nature of value[J]. Science(Washington), 289(5478): 395 - 396.

Daily G C, 1997. Nature's services: societal dependence on natural ecosystems [M]. Washington D C: Island Press.

Defries R S, Field C B, Fung I, et al, 1999. Combining satellite data and biogeochemical models to estimate global effects of human-induced land cover change on carbon emissions and primary productivity [J]. Global Biogeochemical Cycles, 13(3):803 - 815.

Ehrlich P R, Ehrlich A, 1981. Extinction: The Cause and Consequences of the Disappearance of Species[M]. New York: Random House.

Fang J Y, Yoda K, 1990. Climate and vegetation in China Ⅲ water balance and distribution of vegetation[J]. Ecological Research. 4(1):71-83.

Fang J, Piao S, Tang Z, et al, 2001. Interannual variability in net primary production and precipitation[J]. Science, 293(5536): 1723-1723.

Farber S C, Costanza R, Wilson M A, 2002. Economic and ecological concepts for valuing ecosystem services[J]. Ecological Economics, 41(3): 375-392.

Fetzel T, Niedertscheider M, Haberl H, et al, 2016. Patterns and changes of land use and land-use efficiency in Africa 1980—2005: an analysis based on the human appropriation of net primary production framework [J]. Regional Environmental Change, 16(5):1507-1520.

Field C B, Behrenfeld M J, Randerson J T, et al, 1998. Primary production of the biosphere: integrating terrestrial and oceanic components[J]. Science, 281 (5374): 237-240.

Field C B, Randerson J T, Malmström C M, 1995. Global net primary production: combining ecology and remote sensing[J]. Remote Sensing of Environment, 51(1): 74-88.

Fisher B, Turner R K, 2008. Ecosystem services: classification for valuation[J]. Biological Conservation, 141(5): 1167-1169.

Fisher B, Turner R K, Morling P, 2009. Defining and classifying ecosystem services for decisionmaking[J]. Ecological Economics, 68(3): 643-653.

Gaston K J, 2000. Global patterns in biodiversity[J]. Nature, 405(6783): 220-227.

Goward S N, Dye D G, 1997. Global biospheric monitoring with remote sensing [A]// The Use of Remote Sensing in the Modeling of Forest Productivity. Springer Netherlands: 241-272.

Goward S N, Huemmrich K F, 1992. Vegetation canopy PAR absorptance and the normalized difference vegetation index: an assessment using the SAIL model [J]. Remote Sensing of Environment, 39(2): 119-140.

Gurevitch J, Scheiner S M, Fox G A, 2002. The ecology of plants[M]. Sunderland, MA: Sinauer Associates Incorporated.

Haberl H, Erb K H, Krausmann F, et al, 2001. Changes in ecosystem processes induced by land use: Human appropriation of aboveground NPP and its influence on standing crop in Austria[J]. Global Biogeochemical Cycles, 15(4): 929 – 942.

Haberl H, Erb K H, Krausmann F, et al, 2007. Quantifying and mapping the human appropriation of net primary production in earth's terrestrial ecosystems [J]. Proceedings of the National Academy of Sciences, 104 (31): 12942 – 12947.

Haberl H, 1997. Human appropriation of net primary production as an environmental indicator: implications for sustainable development[J]. Ambio, 26(3): 143 – 146.

Hawkins B A, Porter E E, Felizola Diniz-Filho J A, 2003. Productivity and history as predictors of the latitudinal diversity gradient of terrestrial birds[J]. Ecology, 84(6): 1608 – 1623.

Hicke J A, Lobell D B, Asner G P, 2004. Cropland area and net primary production computed from 30 years of USDA agricultural harvest data[J]. Earth Interactions, 8(10): 1 – 20.

Holdren J P, Ehrlich P R, 1974. Human Population and the Global Environment: Population growth, rising per capita material consumption, and disruptive technologies have made civilization a global ecological force[J]. American Scientist, 62(3): 282 – 292.

Huang Y, Zhang W, Sun W, et al, 2007. Net primary production of Chinese croplands from 1950 to 1999[J]. Ecological Applications, 17(3): 692 – 701.

Hubbell S P, 2001. The unified neutral theory of biodiversity and biogeography (MPB – 32)[M]. Princeton: Princeton University Press.

Imhoff M L, Bounoua L, Ricketts T, et al, 2004. Global patterns in human consumption of net primary production[J]. Nature, 429(6994): 870 – 873.

IGBP, 1998. The terrestrial carbon cycle: implications for the Kyoto Protocol

[J]. Science, 280(5368): 1393 - 1394.

Krausmann F, Haberl H, Erb K H, et al, 2009. What determines geographical patterns of the global human appropriation of net primary production? [J]. Journal of Land Use Science, 4(1 - 2): 15 - 33.

Krausmann F, Gingrich S, Haberl H, et al, 2012. Long-term trajectories of the-human appropriation of net primary production: Lessons from six national case studies. Ecological Economics, 77(100):129 - 138.

Krausmann F, Erb K H, Gingrich S, et al, 2013. Global human appropriation of net primary production doubled in the 20th century [J]. Proceedings of the National Academy of Sciences, 110(25):10324 - 10329.

Kroll F, Müller F, Haase D, et al, 2012. Rural - urban gradient analysis of ecosystem services supply and demand dynamics[J]. Land Use Policy, 29(3): 521 - 535.

Lepš J, Šmilauer P, 2003. Multivariate analysis of ecological data using CANOCO[M]. Cambridge: Cambridge University Press.

Lieth H, 1972. Evapotranspiration and primary productivity: CW Thornthwaite memorial model [J]. Pub in Climatology, 25: 37 - 46.

Lieth H, 1973. Primary production: terrestrial ecosystems [J]. Human Ecology, 1(4): 303 - 332.

Lieth H , Whittaker R H, 1975. Primary productivity of the biosphere [M]. New York: Springer-Verlag Press.

Liu J, Chen J M, Cihlar J, et al, 1997. A process-based boreal ecosystem productivity simulator using remote sensing inputs [J]. Remote Sensing of Environment, 62(2): 158 - 175.

Liu Y, Zhang Z, Tong L, et al, 2019. Assessing the effects of climate variation and human activities on grassland degradation and restoration across the globe [J]. Ecological Indicators, 106: 105504.

Lobell D B, Hicke J A, Asner G P, et al, 2002. Satellite estimates of productivity and light use efficiency in United States agriculture, 1982 - 98[J]. Global Change Biology, 8(8): 722 - 735.

Los S O, Justice C O, Tucker C J, 1994. A global 1 by 1 NDVI data set for climate studies derived from the GIMMS continental NDVI data[J]. International Journal of Remote Sensing, 15(17): 3493 - 3518.

Los S O, 1998. Linkages between global vegetation and climate: an analysis based on NOAA Advanced Very High Resolution Radiometer Data[M]. Washington DC.: National Aeronautics and Space Administration, Goodard Space Flight Center.

Mendonca M, Sachsida A, Loureiro P, 2003. A study on the valuing of biodiversity: the case of three endangered species in brazil. Ecological Economics, 46 (1), 9 - 18.

Millennium Ecosystem Assessment (Program), 2005. Ecosystems and Human Well-Being: Our Human Planet: Summary for Decision Makers[M]. Washington DC.: Island Press.

Musel A, 2009. Human appropriation of net primary production in the united kingdom, 1800 - 2000: changes in society's impact on ecological energy flows during the agrarian-industrial transition[J]. Ecological Economics, 69(2), 270 - 281.

Nemani R R, Keeling C D, Hashimoto H, et al, 2003. Climate-driven increases in global terrestrial net primary production from 1982 to 1999[J]. Science, 300 (5625): 1560 - 1563.

Niedertscheider M, Erb K, 2014. Land system change in Italy from 1884 to 2007: Analysing the North – South divergence on the basis of an integrated indicator framework [J]. Land Use Policy, 39: 366 - 375.

Niedertscheider M, Gingrich S, Erb K H, 2012. Changes in land use in South Africa between 1961 and 2006: an integrated socio-ecological analysis based on the human appropriation of net primary production framework [J]. Regional Environmental Change, 12(4): 715 - 727.

O'Neill D W, Tyedmers P H, Beazley K F, 2007. Human appropriation of net primary production (HANPP) in Nova Scotia, Canada[J]. Regional Environmental Change, 7(1): 1 - 14.

Odum H T, Nilsson P O, 1996. Environmental accounting: emergy and environmental decision making[M]. New York: Wiley.

Öpik H, Rolfe S A, 2005. The physiology of flowering plants[M]. Cambridge: Cambridge University Press.

Pagiola S, G Acharya, J A Dixon, 2007. Economic Analysis of Environmental Impacts[M]. London: Earthscan.

Pearce D, 1998. Cost benefit analysis and environmental policy[J]. Oxford Review of Economic Policy, 14(4): 84 - 100.

Plutzar C, Kroisleitner C, Haberl H, et al, 2015. Changes in the spatial patterns of human appropriation of net primary production (HANPP) in Europe 1990 - 2006 [J]. Regional Environmental Change, 41(7):1 - 14.

Posthumus H, Rouquette J R, Morris J, et al, 2010. A framework for the assessment of ecosystem goods and services: a case study on lowland floodplains in England[J]. Ecological Economics, 69(7): 1510 - 1523.

Potter C S, Randerson J T, Field C B, et al, 1993. Terrestrial ecosystem production: a process model based on global satellite and surface data[J]. Global Biogeochemical Cycles, 7(4): 811 - 841.

Power A G, 2010. Ecosystem services and agriculture: tradeoffs and synergies [J]. Philosophical Transactions of the Royal Society B: Biological Sciences, 365(1554): 2959 - 2971.

Prince S D, Goward S N, 1995. Global primary production: a remote sensing approach[J]. Journal of Biogeography, 22(4/5): 815 - 835.

Raudsepp-Hearne C, Peterson G D, Bennett E M, 2010. Ecosystem service bundles for analyzing tradeoffs in diverse landscapes[J]. Proceedings of the National Academy of Sciences, 107(11): 5242 - 5247.

Rojstaczer S, Sterling S M, Moore N J, 2001. Human appropriation of photosynthesis products[J]. Science, 294(5551): 2549 - 2552.

Ruimy A, Saugier B, Dedieu G, 1994. Methodology for the estimation of terrestrial net primary production from remotely sensed data[J]. Journal of Geophysical Research: Atmospheres (1984—2012), 99(D3): 5263 - 5283.

SCEP(Study of Critical Environmental Problems), 1970. Man's Impact on the Global Environment[M]. Cambridge: MIT Press.

Schröter D, Cramer W, Leemans R, et al, 2005. Ecosystem service supply and vulnerability to global change in Europe[J]. Science, 310(5752): 1333 – 1337.

Schwarzlmüller E, 2009. Human appropriation of aboveground net primary production in Spain, 1955 – 2003: an empirical analysis of the industrialization of land use [J]. Ecological Economics, 69(2): 282 – 291.

Sitch S, Smith B, Prentice I C, et al, 2003. Evaluation of ecosystem dynamics, plant geography and terrestrial carbon cycling in the LPJ dynamic global vegetation model [J]. Global Change Biology, 9(2): 161 – 185.

Thornthwaite CW, 1948. An approach toward rational classification of climte [J]. Geographic Review, 38(1):55 – 94.

Uchijima Z, Seino H, 1985. Agroclimatic evaluation of net primary productivity of natural vegetations [J]. Journal of Agricultural Meteorology, 40(4): 343 – 352.

UNEP, 2019. Global environmental outlook – GEO – 6: Summary for Policymakers[R]. Nairobi: Cambridge University Press.

Vemuri A W, Costanza R, 2006. The role of human, social, built, and natural capital in explaining life satisfaction at the country level: Toward a National Well-Being Index (NWI)[J]. Ecological Economics, 58(1): 119 – 133.

Vitousek P M, Ehrlich P R, Ehrlich A H, et al, 1986. Human appropriation of the products of photosynthesis[J]. BioScience, 36(6): 368 – 373.

Waide R B, Willig M R, Steiner C F, et al, 1999. The relationship between productivity and species richness[J]. Annual Review of Ecology and Systematics, 30: 257 – 300.

Wallace K J, 2007. Classification of ecosystem services: problems and solutions [J]. Biological Conservation, 139(3): 235 – 246.

Westman W E, 1977. How much are nature's services worth? [J]. Science, 197 (4307): 960 – 964.

Wrbka T, Erb K H, Schulz N B, et al, 2004. Linking pattern and process in cultural landscapes. An empirical study based on spatially explicit indicators[J]. Land Use Policy, 21(3): 289 – 306.

Wright D H, 1983. Species-energy theory: an extension of species-area theory [J]. Oikos, 41(3): 496 – 506.

Wright D H, 1990. Human impacts on energy-flow through natural ecosystems, and implications for species endangerment[J]. Ambio, 19: 189 – 194.

Wu X, Liu S, Zhao S, et al, 2019. Quantification and driving force analysis of ecosystem services supply, demand and balance in China[J]. Science of The Total Environment, 652: 1375 – 1386.

Wu Y, Wu Z, 2018. Quantitative assessment of human-induced impacts based on net primary productivity in Guangzhou, China [J]. Environmental Science and Pollution Research, 25(12): 11384 – 11399.

Wu Z, Dijkstra P, Koch G W, et al, 2011. Responses of terrestrial ecosystems to temperature andprecipitation change: a meta-analysis of experimental manipulation[J]. Global Change Biology, 17(2): 927 – 942.

WWF, Global Footprint Network, ZSL Living Conservation Gland, 2012. The Living planet report 2012: Biodiversity, biocapacity and better choices[R]. WWF International, Switzerland.

WWF, 2018. Living planet report 2018: Aiming higher[R]. Grooten M and Almond R E A, Eds. WWF, Gland, Switzerland.

Zika M, Erb K H, 2009. The global loss of net primary production resulting from human-induced soil degradation in drylands [J]. Ecological Economics, 69 (2):310 – 318.

Zhang F, Pu L, Huang Q, 2015. Quantitative assessment of the human appropriation of net primary production (HANPP) in the coastal areas of Jiangsu, China[J]. Sustainability, 7(12): 15857 – 15870.

Zhang Y, Pan Y, Zhang X, et al, 2018. Patterns and dynamics of the human appropriation of net primary production and its components in Tibet [J]. Journal of Environmental Management, 210:280 – 289.

Zobel M, Pärtel M, 2008. What determines the relationship between plant diversity and habitat productivity? [J]. Global Ecology and Biogeography, 17(6): 679 - 684.

白杨,欧阳志云,郑华,等,2010. 海河流域农田生态系统环境损益分析[J]. 应用生态学报,21(11): 2938 - 2945.

毕于运,高春雨,王亚静,等,2009. 中国秸秆资源数量估算[J]. 农业工程学报,25(12): 211 - 217.

陈斌,王绍强,刘荣高,等,2007. 中国陆地生态系统 NPP 模拟及空间格局分析[J]. 资源科学,29(6): 45 - 53.

陈福军,沈彦俊,李倩,等,2011. 中国陆地生态系统近 30 年 NPP 时空变化研究[J]. 地理科学,31(11): 1409 - 1414.

陈洪全,2006. 滩涂生态系统服务功能评估与垦区生态系统优化研究[D]. 南京:南京师范大学.

陈君,张长宽,林康,等,2011. 江苏沿海滩涂资源围垦开发利用研究[J]. 河海大学学报(自然科学版),39(2): 213 - 219.

陈仲新,张新时,2000. 中国生态系统效益的价值[J]. 科学通报,45(1): 17 - 22,113.

丁庆福,王军邦,齐述华,等,2013. 江西省植被净初级生产力的空间格局及其对气候因素的响应[J]. 生态学杂志,32(3): 726 - 732.

董家华,包存宽,舒廷飞,2006. 生态系统生态服务的供应与消耗平衡关系分析[J]. 生态学报,26(6): 2001 - 2010.

段锦,康慕谊,江源,2012. 东江流域生态系统服务价值变化研究[J]. 自然资源学报,27(1): 90 - 103.

冯伟林,李树苗,李聪,2013. 生态系统服务与人类福祉——文献综述与分析框架[J]. 资源科学,35(7): 1482 - 1489.

冯险峰,刘高焕,陈述彭,等,2004. 陆地生态系统净第一性生产力过程模型研究综述[J]. 自然资源学报,19(3): 369 - 378.

高志强,刘纪远,曹明奎,等,2004. 土地利用和气候变化对区域净初级生产力的影响[J]. 地理学报,59(4): 581 - 591.

郭伟,2012. 北京地区生态系统服务价值遥感估算与景观格局优化预测[D]. 北京:北京林业大学.

国志兴,王宗明,刘殿伟,等,2009. 基于 MOD17A3 数据集的三江平原低产农田影响因素分析[J]. 农业工程学报,25(2):152-155.

国志兴,王宗明,张柏,等,2008. 2000 年—2006 年东北地区植被 NPP 的时空特征及影响因素分析[J]. 资源科学,30(8):1226-1235.

何浩,潘耀忠,朱文泉,等,2005. 中国陆地生态系统服务价值测量[J]. 应用生态学报,16(6):1122-1127.

姜立鹏,覃志豪,谢雯,等,2007. 中国草地生态系统服务功能价值遥感估算研究[J]. 自然资源学报,22(2):161-170.

焦雯珺,闵庆文,成升魁,等,2010. 生态系统服务消费计量——以传统农业区贵州省从江县为例[J]. 生态学报,30(11):2846-2855.

金周益,唐建军,陈欣,等,2008. 滩涂围垦的生态评价——以浙江省上虞市沥海滩涂围垦为例[J]. 科技通报,24(6):806-809.

李冰,毕军,田颖,2012. 太湖流域重污染区土地利用变化对生态系统服务价值的影响[J]. 地理科学,32(4):471-476.

李传华,赵军,2013. 2000—2010 年石羊河流域 NPP 时空变化及驱动因子[J]. 生态学杂志,32(3):712-718.

李传华,赵军,师银芳,等,2016. 基于变异系数的植被 NPP 人为影响定量研究——以石羊河流域为例 [J]. 生态学报,36(13):4034-4044.

李枫,蒙吉军,2018. 黑河中游净初级生产力的人类占用时空分异 [J]. 干旱区研究,35(3):743-752.

李鹏,濮励杰,朱明,等,2013. 江苏沿海不同时期滩涂围垦区土壤剖面盐分特征分析——以江苏省如东县为例[J]. 资源科学,35(4):764-772.

李双成,张才玉,刘金龙,等,2013. 生态系统服务权衡与协同研究进展及地理学研究议题[J]. 地理研究,32(8):1379-1390.

李文华,2008. 生态系统服务功能价值评估的理论、方法与应用[M]. 北京:中国人民大学出版社.

刘纪远,1997. 国家资源环境遥感宏观调查与动态监测研究[J]. 遥感学报,1(3):225-230.

刘军会,高吉喜,2008. 北方农牧交错带生态系统服务价值测算及变化[J]. 山地学报,26(2):145-153.

刘宪锋，任志远，林志慧，2013. 青藏高原生态系统固碳释氧价值动态测评[J].
　　地理研究，32(4)：663 - 670.

鲁春霞，谢高地，成升魁，等，2009. 中国草地资源利用：生产功能与生态功能的
　　冲突与协调[J]. 自然资源学报，24(10)：1685 - 1696.

罗玲，王宗明，宋开山，等，2009. 吉林省西部草地 NPP 时空特征与影响因素[J].
　　生态学杂志，28(11)：2319 - 2325.

马彩虹，任志远，李小燕，2013. 黄土台塬区土地利用转移流及空间集聚特征分析
　　[J]. 地理学报，68(2)：257 - 267.

马琳，刘浩，彭建，等，2017. 生态系统服务供给和需求研究进展[J]. 地理学报，
　　72(7)，1277 - 1289.

买苗，火焰，曾燕，等，2012. 江苏省太阳总辐射的分布特征[J]. 气象科学，32
　　(3)：269 - 274.

毛德华，王宗明，韩佶兴，等，2012. 1982—2010 年中国东北地区植被 NPP 时空
　　格局及驱动因子分析[J]. 地理科学，32(9)：1106 - 1111.

孟尔君，唐伯平，2010. 江苏沿海滩涂资源及其发展战略研究[M]. 南京：东南大
　　学出版社.

闵庆文，谢高地，胡聃，等，2004. 青海草地生态系统服务功能的价值评估[J]. 资
　　源科学，26(3)：56 - 60.

欧阳志云，王如松，赵景柱，1999. 生态系统服务功能及其生态经济价值评价[J].
　　应用生态学报，10(5)：635 - 640.

欧阳志云，王效科，苗鸿，1999. 中国陆地生态系统服务功能及其生态经济价值的
　　初步研究[J]. 生态学报，19(5)：607 - 613.

欧阳志云，郑华，2009. 生态系统服务的生态学机制研究进展[J]. 生态学报，29
　　(11)：6183 - 6188.

潘理虎，闫慧敏，黄河清，等，2012. 北方农牧交错带生态系统服务合理消耗多主
　　体模型构建[J]. 资源科学，34(6)：1007 - 1016.

彭建，王仰麟，吴健生，2007. 净初级生产力的人类占用：一种衡量区域可持续发
　　展的新方法[J]. 自然资源学报，22(1)：153 - 158.

彭建，王仰麟，2000. 我国沿海滩涂景观生态初步研究[J]. 地理研究，19(3)：249
　　- 256.

朴世龙,方精云,郭庆华,2001. 利用 CASA 模型估算我国植被净第一性生产力[J].植物生态学报,25(5):603-608.

任志远,刘焱序,2013. 西北地区植被净初级生产力估算模型对比与其生态价值评价[J]. 中国生态农业学报,21(4):494-502.

师庆三,王智,吴友均,等,2010. 新疆生态系统服务价值测算与 NPP 的相关性分析[J]. 干旱区地理,33(3):427-433.

石垚,王如松,黄锦楼,等,2012. 中国陆地生态系统服务功能的时空变化分析[J]. 科学通报,57(9):720-731.

苏本营,张璐,陈圣宾,等,2010. 区域农田生态系统生产力的时空格局及其影响因子研究——以山东省为例[J]. 生态环境学报,19(9):2036-2041.

孙永光,2011. 长江口不同年限围垦区景观结构与功能分异[D]. 上海:华东师范大学.

唐增,黄茄莉,徐中民,2010. 生态系统服务供给量的确定:最小数据法在黑河流域中游的应用[J]. 生态学报,30(9):2354-2360.

王爱玲,朱文泉,李京,等,2007. 内蒙古生态系统服务价值遥感测量[J]. 地理科学,27(3):325-330.

王大尚,郑华,欧阳志云,2013. 生态系统服务供给、消费与人类福祉的关系[J]. 应用生态学报,6(6),1747-1753.

王芳,朱跃华,2009. 江苏省沿海滩涂资源开发模式及其适宜性评价[J]. 资源科学,31(4):619-628.

王建,祁元,陈正华,等,2006. 基于遥感技术的生态系统服务价值动态评估模型研究[J]. 冰川冻土,28(5):739-747.

王琳,景元书,李琨,2010. 江苏省植被 NPP 时空特征及气候因素的影响[J]. 生态环境学报,19(11):2529-2533.

王鹏,徐国华,2009. 江苏省沿海滩涂生态环境面临的主要问题与对策[J]. 水利规划与设计(4):15-20.

王启仿,2004. 区域经济发展差距的因素分解[J]. 经济地理,24(3):334-337.

王千,李哲,范洁,等,2012. 沿海地区耕地集约利用与生态服务价值动态变化及相关性分析[J]. 中国农学通报,28(35):186-191.

王驷鹞,2012. 基于遥感的江苏省植被净初级生产力时空分布研究[D]. 南京:南京信息工程大学.

王晓玉,薛帅,谢光辉,2012. 大田作物秸秆量评估中秸秆系数取值研究[J]. 中国农业大学学报,17(1):1-8.

王艳红,温永宁,王建,等,2006. 海岸滩涂围垦的适宜速度研究——以江苏淤泥质海岸为例[J]. 海洋通报,25(2):15-20.

王原,黄玫,王祥荣,2010. 气候和土地利用变化对上海市农田生态系统净初级生产力的影响[J]. 环境科学学报,30(3):641-648.

王志恒,唐志尧,方精云,2009. 物种多样性地理格局的能量假说[J]. 生物多样性,17(6):613-624.

魏云洁,甄霖,Batkhishig O,等,2009. 蒙古高原生态服务消费空间差异的实证研究[J]. 资源科学,31(10):1677-1684.

肖建红,陈东景,徐敏,等,2010. 围填海对潮滩湿地生态系统服务影响评估——以江苏省为例 [J]. 海洋湖沼通报(4):95-100.

肖玉,谢高地,鲁春霞,等,2004. 稻田生态系统气体调节功能及其价值[J]. 自然资源学报,19(5):617-623.

谢高地,鲁春霞,成升魁,2001. 全球生态系统服务价值评估研究进展[J]. 资源科学,23(6):5-9.

谢高地,鲁春霞,冷允法,等,2003. 青藏高原生态资产的价值评估[J]. 自然资源学报,18(2):189-196.

谢高地,肖玉,2013. 农田生态系统服务及其价值的研究进展[J]. 中国生态农业学报,21(6):645-651.

谢高地,张钇锂,鲁春霞,等,2001. 中国自然草地生态系统服务价值[J]. 自然资源学报,16(1):47-53.

谢高地,甄霖,鲁春霞,等,2008a. 生态系统服务的供给、消费和价值化[J]. 资源科学,30(1):93-99.

谢高地,甄霖,鲁春霞,等,2008b. 一个基于专家知识的生态系统服务价值化方法[J]. 自然资源学报,23(5):911-919.

谢光辉,韩东倩,王晓玉,等,2011a. 中国禾谷类大田作物收获指数和秸秆系数[J]. 中国农业大学学报,16(1):1-8.

谢光辉,王晓玉,韩东倩,等,2011b. 中国非禾谷类大田作物收获指数和秸秆系数[J]. 中国农业大学学报，16(1)：9－17.

辛琨，肖笃宁，2002. 盘锦地区湿地生态系统服务功能价值估算[J]. 生态学报，22(8)：1345－1349.

徐建华，鲁凤，苏方林，等，2005. 中国区域经济差异的时空尺度分析[J]. 地理研究，24(1)：57－68.

徐昔保，杨桂山，李恒鹏，2011. 太湖流域土地利用变化对净初级生产力的影响[J]. 资源科学，33(10)：1940－1947.

徐占军，侯湖平，张绍良，等，2012. 采矿活动和气候变化对煤矿区生态环境损失的影响[J]. 农业工程学报，28(5)：232－240.

许勇，2005. 江苏沿海滩涂区域科技创新体系建设研究[D]. 南京：南京师范大学.

薛达元，包浩生，李文华，1999. 长白山自然保护区森林生态系统间接经济价值评估[J]. 中国环境科学，19(3)：247－252.

薛达元，2000. 长白山自然保护区生物多样性非使用价值评估[J]. 中国环境科学，20(2)：141－145.

闫慧敏，刘纪远，黄河清，等，2012b. 城市化和退耕还林草对中国耕地生产力的影响[J]. 地理学报，67(5)：579－588.

闫慧敏，甄霖，李凤英，等，2012a. 生态系统生产力供给服务合理消耗度量方法：以内蒙古草地样带为例[J]. 资源科学，34(6)：998－1006.

杨光梅，李文华，闵庆文，2006. 生态系统服务价值评估研究进展：国外学者观点[J]. 生态学报，26(1)：205－212.

杨宏忠，2012. 江苏海岸滩涂资源可持续开发的战略选择[D]. 武汉：中国地质大学.

杨莉，甄霖，潘影，等，2012. 生态系统服务供给—消费研究：黄河流域案例[J]. 干旱区资源与环境，(3)：131－138.

杨志新，郑大玮，文化，2005. 北京郊区农田生态系统服务功能价值的评估研究[J]. 自然资源学报，20(4)：564－571.

姚玉璧，杨金虎，王润元，等，2010. 50 年长江源区域植被净初级生产力及其影响因素变化特征[J]. 生态环境学报，19(11)：2521－2528.

尹飞，毛任钊，傅伯杰，等，2006. 农田生态系统服务功能及其形成机制[J]. 应用生态学报，17(5)：929－934.

元媛，刘金铜，靳占忠，2011. 栾城县农田生态系统服务功能正负效应综合评价
[J]. 生态学杂志，30(12)：2809-2814.

张芳怡，濮励杰，张健，2006. 基于能值分析理论的生态足迹模型及应用——以江
苏省为例[J]. 自然资源学报，21(4)：653-660.

张芳怡，邢元志，濮励杰，等，2009. 苏州市土地利用变化的生态环境效应研究
[J]. 水土保持研究，16(5)：98-103.

张福春，朱志辉，1990. 中国作物的收获指数[J]. 中国农业科学，23(2)：83-87.

张宏锋，欧阳志云，郑华，等，2009. 玛纳斯河流域农田生态系统服务功能价值评
估[J].中国生态农业学报，17(6)：1259-1264.

张金屯，2004. 数量生态学[M]. 北京:科学出版社.

张炯远，冯雪华，倪建华，1981. 用多元回归方程计算我国最大晴天总辐射能资源
的研究[J]. 资源科学(1)：38-46.

张琳，张凤荣，安萍莉，等，2008. 不同经济发展水平下的耕地利用集约度及其变
化规律比较研究[J]. 农业工程学报，24(1)：108-112.

张润森，2012. 江苏沿海典型滩涂围垦区土地利用变化及其景观生态安全响应研
究——以如东县为例[D].南京:南京大学.

张新时，1989. 植被的 PE(可能蒸散) 指标与植被—气候分类(二)：几种主要方法
与 PEP 程序介绍[J]. 植物生态学与地植物学学报，13(3)：197-207.

张兴榆，黄贤金，赵小风，等，2009. 环太湖地区土地利用变化对植被碳储量的影
响[J]. 自然资源学报，24(8)：1343-1353.

张长宽，陈君，林康，等，2011. 江苏沿海滩涂围垦空间布局研究[J]. 河海大学学
报(自然科学版)，39(2)：206-212.

张志明，1990. 计算蒸发量的原理与方法[M]. 成都:成都科技大学出版社.

张志强，徐中民，程国栋，2001. 生态系统服务与自然资本价值评估[J]. 生态学
报，21(11)：1918-1926.

赵海珍，李文华，马爱进，等，2004. 拉萨河谷地区青稞农田生态系统服务功能的
评价[J]. 自然资源学报，19(5)：632-636.

赵景柱，肖寒，吴刚，2000. 生态系统服务的物质量与价值量评价方法的比较分析
[J]. 应用生态学报，11(2)：290-292.

赵俊芳，延晓冬，朱玉洁，2007. 陆地植被净初级生产力研究进展[J]. 中国沙漠，

27(5)：780 - 786.

赵士洞，张永民，2006. 生态系统与人类福祉——千年生态系统评估的成就、贡献和展望[J]. 地球科学进展，21(9)：895 - 902.

赵同谦，欧阳志云，郑华，等，2004. 中国森林生态系统服务功能及其价值评价[J]. 自然资源学报，19(4)：480 - 491.

赵微，闵敏，李俊鹏，2013. 土地整理区域生态系统服务价值损益规律研究[J]. 资源科学，35(7)：1415 - 1422.

甄霖，闫慧敏，胡云锋，等，2012. 生态系统服务消耗及其影响[J]. 资源科学，34(6)：989 - 997.

郑华，欧阳志云，赵同谦，等，2003. 人类活动对生态系统服务功能的影响[J]. 自然资源学报，18(1)：118 - 126.

周广胜，张新时，1996. 中国气候—植被关系初探[J]. 植物生态学报，20(2)：113 - 119.

周广胜，张新时，1995. 自然植被净第一性生产力模型初探[J]. 植物生态学报，19(3)：193 - 200.

周锐，胡远满，苏海龙，等，2011. 苏南典型城镇耕地景观动态变化及其影响因素[J]. 生态学报，31(20)：5937 - 5945.

周扬，吴文祥，胡莹，等，2010. 江苏省可用太阳能资源潜力评估[J]. 可再生能源，28(6)：10 - 13.

朱锋，刘志明，王宗明，等，2010. 东北地区农田净初级生产力时空特征及其影响因素分析[J]. 资源科学，32(11)：2079 - 2084.

朱文泉，潘耀忠，何浩，等，2006. 中国典型植被最大光利用率模拟[J]. 科学通报，51(6)：700 - 706.

朱文泉，潘耀忠，张锦水，2007. 中国陆地植被净初级生产力遥感估算[J]. 植物生态学报，31(3)：413 - 424.